ABHANDLUNGEN DER SÄCHSISCHEN AKADEMIE
DER WISSENSCHAFTEN ZU LEIPZIG

Mathematisch-naturwissenschaftliche Klasse
Band 57 · Heft 4

THOMAS FANGHÄNEL und HANS-HEINZ EMONS

Neue Ergebnisse über die fest-flüssig Gleichgewichte der Systeme der ozeanischen Salze [T > 100 °C]

AKADEMIE VERLAG

ABHANDLUNGEN DER SÄCHSISCHEN AKADEMIE DER WISSENSCHAFTEN ZU LEIPZIG

Mathematisch-naturwissenschaftliche Klasse

Band 51

Heft 1 **Beiträge zur Chemie und Technologie der Brennstoffe**
Gedenkschrift für Prof. Dr. techn. habil. ANTON LISSNER
Herausgegeben von Prof. Dr.-Ing. Dr. Ing. eh. ERICH RAMMLER
1971. 146 Seiten – 1 Titelbild – 57 Textabbildungen, davon 6 auf 3 Tafeln – 35 Tabellen – 4°

Heft 2 Dr. GÜNTER HERRMANN, **Beiträge zur Bestimmung von Schwefeldioxid in der Atmosphäre und Herstellung von Schwefeldioxid-Luft-Gemischen**
1971. 179 Seiten – 74 Abbildungen, davon 13 auf 10 Kunstdrucktafeln – 41 Tabellen – 4°

Heft 3 Prof. Dr. med. GEORG MERREM, **Die parasagittalen Meningiome**
Zum Gedächtnis des Begründers der deutschen Neurochirurgie Prof. Dr. FEODOR KRAUSE 1857–1937
1971. 38 Seiten – 20 Abbildungen – 1 Tabelle – 4°

Heft 4 Prof. Dr. MAXIMILIAN KLINOWSKI, **Epidemien und Pandemien pflanzenpathogener Krankheitserreger in ihrer Beziehung zum Menschen**
1971. 54 Seiten – 41 Abbildungen – 4 Tabellen – 4°

Heft 5 Prof. Dr. GUSTAV E. R. SCHULZE und Dr. PETER PAUFLER, **Die plastische Verformung „spröder“ intermetallischer Verbindungen und ihre Elementarprozesse**
1972. 24 Seiten – 14 Abbildungen – 11 Tabellen – 4°

Band 52

Heft 1 Prof. Dr. KURT MOTHES, **Über sekundäre Pflanzenstoffe**
1972. 29 Seiten – 18 Abbildungen – 4°

Heft 2 Prof. Dr. DIETRICH UHLMANN, **Störungen des biologischen Gleichgewichts in Gewässern**
1973. 17 Seiten – 16 Abbildungen – 4°

Heft 3 FELIX LAMPADIUS, **Beitrag zum Nachweis der Wertminderung des Waldes als Folge von Immissionseinwirkung**
1974. 27 Seiten – 4 Abbildungen – 8 Tabellen – 4°

Heft 4 Dr. MANFRED KLOSE, **Beiträge zur D- und V-Struktur von Wasser und speziellen wäßrigen Elektrolytlösungen**
1974. 63 Seiten – 22 Abbildungen – 21 Tabellen – 4°

Heft 5 Prof. Dr. med. HORST HANSON, **Eiweißumsatz und Differenzierungsvorgänge tierischer Zellen**
1974. 26 Seiten – 13 Abbildungen – 9 Tabellen – 4°

ABHANDLUNGEN DER SÄCHSISCHEN AKADEMIE
DER WISSENSCHAFTEN ZU LEIPZIG

Mathematisch-naturwissenschaftliche Klasse
Band 57 · Heft 4

THOMAS FANGHÄNEL und HANS-HEINZ EMONS

Neue Ergebnisse über die fest-flüssig Gleichgewichte der Systeme der ozeanischen Salze [T > 100 °C]

AKADEMIE VERLAG

Autoren: Dr. rer. nat. habil. Thomas Fanghänel,
Prof. Dr. sc. nat. Dr. h. c. mult. Hans-Heinz Emons

Vorgetragen in der Sitzung am 13. März 1992
Manuskript eingereicht am 13. März 1992
Druckfertig erklärt am 26. September 1992

Mit 49 Abbildungen und 6 Tabellen

1. Auflage 1992

Lektorat: Christiane Grunow

Die Deutsche Bibliothek - CIP-Einheitsaufnahme

Fanghänel, Thomas:
Neue Ergebnisse über die fest-flüssig Gleichgewichte der Systeme der ozeanischen Salze [T > 100 °C] : [mit 6 Tabellen] / Thomas Fanghänel und Hans-Heinz Emons. - 1. Aufl. Berlin : Akad.-Verl., 1992
(Abhandlungen der Sächsischen Akademie der Wissenschaften zu Leipzig, Mathematisch-Naturwissenschaftliche Klasse ; Bd. 57, H. 4)
ISBN 3-05-501590-8
NE: Emons, Hans-Heinz:; Sächsische Akademie der Wissenschaften <Leipzig> / Mathematisch-Naturwissenschaftliche Klasse: Abhandlungen der Sächsischen ...

ISBN 3-05-501590-8
ISSN 0365-6470

Der Akademie Verlag ist ein Unternehmen der VCH-Verlagsgruppe

Gedruckt auf säurefreiem Papier

Gesamtherstellung: Druckerei „G. W. Leibniz“ GmbH, O-4450 Gräfenhainichen

Printed in the Federal Republic of Germany

Inhalt

ABHANDLUNGEN DER SÄCHSISCHEN AKADEMIE DER WISSENSCHAFTEN ZU LEIPZIG

BAND 57

MATHEMATISCH-NATURWISSENSCHAFTLICHE KLASSE

AKADEMIE VERLAG

INHALT

Heft 1 *Jordan, Herbert*: Radontherapie heute.
1989. 151 Seiten – 47 Abbildungen – 18 Tabellen

Heft 2 *Ries, Werner – Sauer, Ilse*: Biologisches Alter – Problem und Bericht.
1991. 84 Seiten – 34 Abbildungen – 7 Tabellen

Heft 3 *Hänsel, Christian* (Hrsg.): Umweltgestaltung in der Bergbaulandschaft.
1991. 118 Seiten – 26 Abbildungen – 7 Tabellen

Heft 4 *Fanghänel, Thomas – Emons, Hans-Heinz*: Neue Ergebnisse über die fest-flüssig Gleichgewichte der Systeme der ozeanischen Salze [T > 100 °C].
1992. 98 Seiten – 49 Abbildungen – 6 Tabellen

ABHANDLUNGEN DER SÄCHSISCHEN AKADEMIE DER WISSENSCHAFTEN ZU LEIPZIG

BAND 56

MATHEMATISCH-NATURWISSENSCHAFTLICHE KLASSE

AKADEMIE VERLAG

INHALT

0. Symbolverzeichnis

A – empirische Konstante
A^{ϕ} – Debye-Hückel-Parameter für osmotische Koeffizienten
a – Aktivität
a – empirische Konstante
B – empirische Konstante
b – Parameter der Pitzergleichung
C – empirische Konstante
C^{ϕ} – Pitzer-Koeffizient
c – BET-Parameter
cp – Wärmekapazität
F – Freiheitsgrad (Phasenregel)
G – molare Gibbs Energie
H – molare Enthalpie
I – Ionenstärke
K_L – Löslichkeitskonstante
K – Anzahl der Komponenten (Phasenregel)
M – Molmasse
m – Molalität
n – Molzahl
P – Anzahl der Phasen (Phasenregel)
p – Druck
R – allgemeine Gaskonstante
R_H – molares Verhältnis Wasser/Salz
r – BET-Parameter
S – molare Entropie
T – Temperatur in K
x – Molenbruch
Y – Ionenstärkebruch
z – Ladungszahl
α – Harned-Koeffizient
α – Parameter der Pitzergleichung
$\beta^{(0)}, \beta^{(1)}, \beta^{(2)}$ – Pitzerkoeffizient
Δ – Differenzgröße
Φ – Virialkoeffizient der Pitzergleichung
ϕ – osmotischer Koeffizient

γ	– Aktivitätskoeffizient
ψ	– Parameter der Pitzergleichung
μ	– chemisches Potential
ν	– Stöchiometriekoeffizient
θ	– Parameter der Pitzergleichung
ϑ	– Temperatur in °C

Indizes

aq	– wäßrige Systeme
E	– Exzeßgröße
ex	– Größe einer Austauschreaktion
g	– gasförmig
i	– Komponente i
l	– flüssig
M, c, c′	– Bezug auf Kationen
R	– Reaktionsgröße
S	– Salz
s	– fest
X, a, a′	– Bezug auf Anionen
w	– Wasser
°	– Standardzustand
∞	– unendliche Verdünnung

1. Einleitung

Das Interesse an Phasengleichgewichten wäßriger Systeme besteht mindestens seit der Existenz einer stoffwandelnden Industrie. Doch nicht nur in der eigentlichen Chemie spielen Phasengleichgewichte eine entscheidende Rolle, sie sind allgegenwärtig in der uns umgebenden Natur, einschließlich der lebenden Sphäre.

Die Basis für ihr grundlegendes Verständnis schuf W. Gibbs mit der 1876–78 von ihm aufgestellten Phasenregel, die jedoch mehr als zehn Jahre trotz ihrer bedeutenden Verallgemeinerung im Verborgenen blieb. Erst durch Roozeboom (ab 1887) wurde die Phasenregel weithin zugänglich gemacht, so daß sie sich zum Einteilungsprinzip der chemischen Gleichgewichte entwickelte.

Wenn auch die Aufdeckung des der Phasenregel zugrunde liegenden Prinzips in erster Linie Roozeboom zuzuschreiben ist, so soll nicht vergessen werden, daß van't Hoff einige Jahre zuvor und in Unkenntnis der Gibbs'schen Arbeiten sein „Gesetz von der Unverträglichkeit kondensierter Systeme", das in manchem mit der Phasenregel übereinstimmt, aufgestellt hat. Die allgemeineren Anwendungsmöglichkeiten der Phasenregel ließen diese sehr wichtige Publikation van't Hoffs weitgehend in Vergessenheit geraten.

Unter dem Begriff Phasengleichgewichte versteht man dabei die Gleichgewichte, die sich zwischen allen Arten von Phasen (fest, flüssig (fluid), gasförmig) ausbilden können.

Die Vielfalt möglicher Systeme sowie die Variation von Druck, Temperatur und Zusammensetzung in weiten Bereichen ergeben ein schier unübersehbares Gebiet.

Vorrangiges Interesse galt bei den wäßrigen Systemen bisher dem Temperaturbereich unterhalb 100 °C, vor allem dem „Normaltemperaturbereich" von 20–25 °C.

Die Kenntnis der Phasengleichgewichte wäßriger Elektrolyte im Bereich höherer Temperaturen ist aber für zahlreiche Gebiete bedeutungsvoll. Genannt seien hier beispielhaft

- geochemische Prozesse, wobei vor allem die hydrothermalen Prozesse (Mineralsynthesen) zu nennen sind,
- die Nutzung von geothermischer Wärme, oder hydrothermaler Quellen z. B. zur Energieerzeugung,
- die Hydrothermalsynthese von Verbindungen, z. B. zur Herstellung von Zwischenprodukten für die Produktion spezieller Werkstoffe,
- die Ozeanographie, wobei insbesondere Änderungen von Druck und Temperatur und deren Einfluß auf die Konzentration gelöster Substanzen von Interesse sind,
- chemische Prozesse im Zusammenhang mit der Energieerzeugung, bei denen Wasser als Energieträger (Dampferzeugung, Primär- und Sekundärkreisläufe in Kraftwerken) eingesetzt wird,
- die Wasserentsalzung durch Destillation, wobei vor allem solche Fragen, wie die Vermei-

dung der Bildung von Ablagerungen an Wärmetauschern (scale formation) von Bedeutung sind,
- die Energiespeicherung, insbesondere in Form von latenter Wärme in Wärmespeichern, die auf der Basis anorganischer Salzhydrate arbeiten und
- die Endlagerung radioaktiver Abfälle in Salzstöcken, wobei speziell die wäßrigen Systeme der ozeanischen Salze bei Temperaturen bis etwa 200 °C zu beachten sind.

Viele der genannten Beispiele bewegen sich vor allem in verdünnten bis konzentrierten Lösungen, für andere ist der hochkonzentrierte Bereich der Salz-Wasser-Systeme (Hydratschmelzen, hydratisierte Salzschmelzen) entscheidend. Für den letzteren Konzentrationsbereich ist generell ein starkes Defizit an Informationen über die Eigenschaften solcher Systeme – nicht nur zu den Phasengleichgewichten – vorhanden.

Gerade im Bereich erhöhter Temperaturen und Drucke (sowie bei hohen Salzkonzentrationen) liegt aber generell ein großes Potential für Innovationen. Einerseits werden in diesem Bereich entscheidende Impulse für die Entwicklung thermodynamischer Modelle gesehen (VOIGT 1986), andererseits sind hier Eigenschaften für interessante technisch-technologische Entwicklungen zu erwarten.

In Prozessen der anorganischen Stoffwirtschaft, an denen fest-flüssig-Systeme beteiligt sind (z. B. Lösungs- und Laugungsprozesse) bieten erhöhte Temperaturen und damit in der Regel verbundene hohe Konzentrationen grundsätzliche Vorteile. So lassen sich die z. T. beträchtlich großen Mengen an (verdünnten) Abstoßlösungen verringern und die spezifischen Umsätze steigern. Auch aus exergetischen Gründen (Verwertung von Abfallenergie) ergeben sich durch das höhere Temperaturniveau günstigere Voraussetzungen.

In der Mineralsalzindustrie haben Temperaturen über 100 °C bisher keine bzw. nur eine untergeordnete Rolle gespielt. Insbesondere durch die Planung von Endlagern hochradioaktiver Abfälle in Steinsalzformationen erlangt gerade in jüngster Zeit die Kenntnis der zugehörigen heterogenen Systeme auch im Hochtemperaturbereich verstärkt an Bedeutung. Die betreffenden heterogenen Systeme der ozeanischen Salze (Salze, die sich im wesentlichen aus den Ionen Na^+, K^+, Mg^{2+}, (Ca^{2+}), Cl^-, SO_4^{2-}, (HCO_3^-), (CO_3^{2-}) formulieren lassen) sind auf Grund ihrer fundamentalen Bedeutung für viele Prozesse (Genese der Salzlagerstätten, Stofftrennprozesse in der Mineralsalzindustrie) in der Vergangenheit ausführlich untersucht worden.

Kein Geringerer als VAN'T HOFF führte mit zahlreichen Mitarbeitern an der Preußischen Akademie der Wissenschaften in Berlin die ersten umfassenden „Untersuchungen über die Bildungsverhältnisse der ozeanischen Salzablagerungen, insbesondere des Staßfurter Salzlagers“ durch. Die Aufgabe, die ihm bei diesen Studien vorschwebte, war die Beantwortung solcher Fragen wie: Welche Stoffe bilden sich, wenn man die Einzelsalze, aus denen sich die Staßfurter Mineralvorkommen aufbauen lassen in beliebigen Mengen in Wasser einträgt und das Gemisch bei konstanter Temperatur einengt? In welcher Form, welcher Reihenfolge und in welcher Menge treten diese Stoffe auf? Welche Rolle spielen dabei die Zeit, die Temperatur, der Druck?

Die heute wie damals beeindruckenden theoretischen und experimentellen Ergebnisse sind uns durch die zusammenfassende Herausgabe der rund 50 Sitzungsberichte der königlich-preußischen Akademie der Wissenschaften zu Berlin von H. PRECHT und E. COHEN in der Leipziger Akademischen Verlagsgesellschaft (1912) als unentbehrlicher Fundus zugänglich gemacht. Eine weitere grundlegende Arbeit, auf die sich auch heute noch vielfältig bezogen wird, ist die von D'ANS (1933) publizierte Datenzusammenstellung „Die Löslichkeitsgleichgewichte der Systeme ozeanischer Salzablagerungen". Von den Arbeiten der letzten Jahrzehnte über die heterogenen Systeme der ozeanischen Salze sind neben den Untersuchungen unserer Gruppe vor allem die von AUTENRIETH (1954, 1955, 1958, 1970; AUTENRIETH und BRAUNE 1959, 1960a, 1960b) dargestellten Ergebnisse zu nennen. All diese ausführlichen Untersuchungen blieben bisher aber im wesentlichen (bis auf wenige Ausnahmen) auf den Temperaturbereich unterhalb 100 °C beschränkt. Dies gilt sowohl für die experimentellen Arbeiten als auch für die Modellbeschreibung der Systeme.

Nicht nur durch fehlende Entwicklungen sondern auch durch ein Defizit an Daten, um Modelle auf ihre Brauchbarkeit hin zu testen, ist die modellmäßige Beschreibung der fest-flüssig-Gleichgewichte von Salz-Wasser-Systemen insbesondere bei Systemen mit leichtlöslichen, stark hydratisierenden Salzen im Hochtemperaturbereich bisher kaum entwickelt. Meist beschränken sich die Anwendungen von Modellgleichungen im Hochtemperaturbereich auf Erweiterungen der Debye-Hückel-Theorie zur Berechnung der Löslichkeit eines schwer löslichen Salzes gegebenenfalls in einer Matrix leichtlöslicher Elektrolyte. Neuerdings gibt es Versuche, andere Modelle zur Berechnung und Vorhersage der Phasengleichgewichte von Salz-Wasser-Systemen im Hochtemperaturbereich anzuwenden. Generell ist der Grad der modellmäßigen Beschreibung bzw. Vorausberechnung solcher Gleichgewichte und Systeme im Hochtemperaturbereich jedoch äußerst gering.

Ziel der vorgelegten Arbeit ist es deshalb, ausgehend von einer kritischen Bestandsaufnahme über neue im wesentlichen erstmalige Untersuchungen zu den heterogenen Systemen der ozeanischen Salze im Hochtemperaturbereich zu berichten.

Für die experimentellen Untersuchungen war dabei besonders zu berücksichtigen, daß die experimentellen Bedingungen durch hochkonzentrierte (korrosive) Salz-Wasser-Systeme mit Dampfdrucken > 1 ... 2 MPa im Temperaturbereich ... 250 °C geprägt waren.

Durch die Anwendung halbempirischer Modelle sollte einerseits geprüft werden, inwieweit sich fest-flüssig-Gleichgewichte von Salz-Wasser-Systemen im Hochtemperaturbereich berechnen lassen sowie welche Besonderheiten dabei zu berücksichtigen sind und andererseits, wie sich die Zahl der notwendigen Experimente reduzieren läßt.

Auf der Basis des umfangreichen experimentellen Materials und der Betrachtungen zur Modellierung wollen wir Schlußfolgerungen für eine neue Strategie zur Bestimmung von fest-flüssig-Gleichgewichten von Salz-Wasser-Systemen unter extremen Bedingungen ableiten und einen Ausblick auf dazu erforderliche weitergehende Untersuchungen geben. Diese neue Strategie betrifft insbesondere Möglichkeiten zur geeigneten Verbindung von Simulation und Experiment unter besonderer Berücksichtigung der Vorhersage der stabilen festen Phasen im fest-flüssig-System.

2. Fest-flüssig-Phasengleichgewichte von Salz-Wasser-Systemen bei erhöhten Temperaturen

2.1. Allgemeiner Kenntnisstand

Deutliche Unterschiede bestehen in Quantität und Qualität der zur Verfügung stehenden Informationen über fest-flüssig-Gleichgewichte bei Temperaturen oberhalb und unterhalb 100 °C.

Relativ viele Angaben existieren zu den fest-flüssig-Gleichgewichten von Salz-Wasser-Systemen im Temperaturbereich bis 100 °C, insbesondere eine Vielzahl sogenannter Löslichkeiten wurden experimentell bestimmt. Leider wurde die Bestimmung von „Löslichkeitsdaten" oft unterschätzt, woraus eine z. T. mangelhafte Qualität der publizierten Daten resultiert. Viele falsche und ungenaue Daten wurden veröffentlicht. So ist es heute oft sehr aufwendig – z. T. gelingt es überhaupt nicht – experimentell ermittelte Angaben über fest-flüssig-Gleichgewichte zu wichten und zu Kompilationen zusammenzufassen.

Bei höheren Temperaturen ist eine andere Situation zu verzeichnen. Sicher nimmt auch von 20 °C bis 100 °C die Datendichte und die Genauigkeit der Daten stetig ab, bei 100 °C, oder etwas darüber, ist jedoch eine deutliche Unstetigkeit vorhanden. Jetzt sind oft nur noch sehr wenige zuverlässige Informationen verfügbar. Unsicherheiten und widersprüchliche Angaben sind charakteristisch für Systeme mit Hydratbildung, vor allem bezüglich der Zusammensetzung der Hydrate und deren Umwandlungspunkte.

Relativ gut untersucht sind die fest-flüssig-Gleichgewichte einiger binärer wäßriger Systeme einfacher Salze (meist Chloride z. T. auch Sulfate und Nitrate der Alkalimetalle, Erdalkalimetalle und einiger Übergangsmetalle) im Hochtemperaturbereich. In Tabelle 2.1. sind die Temperaturobergrenzen für einige binäre Salz-Wasser-Systeme) zusammengestellt, bis zu denen Angaben zu den fest-flüssig-Gleichgewichten verfügbar sind. Ableiten läßt sich daraus jedoch nichts über die Datendichte sowie über die Genauigkeit und Zuverlässigkeit der Angaben. Beides ist für die einzelnen Systeme sehr unterschiedlich.

Das allgemeine Defizit an Informationen im Hochtemperaturbereich dokumentiert sich auch in den zur Verfügung stehenden Handbüchern und Datensammlungen. Einige Publikationen beziehen sich generell nur auf den Temperaturbereich unter 100 °C (z. B. Broul et al. 1981), andere erfassen das gesamte zur Verfügung stehende Material (z. B. Linke und Seidell 1965; Pelsh 1973). Darüberhinaus finden wir Literaturzusammenstellungen (z. B. Kirginsev 1972), die manchmal für die bedeutendsten Systeme auch Daten angeben (z. B. Landold-Börnstein; Gmelin).

Fest-flüssig-Gleichgewichte von höheren Systemen wurden meist nur unter dem Gesichtspunkt untersucht, daß die Löslichkeit eines – zumindest bei hohen Temperaturen – relativ schwer löslichen Salzes bei Zusatz verschiedener anderer Elektrolyte bestimmt wurde. Da-

Tabelle 2.1
Temperaturobergrenzen (°C) ausgewählter binärer Salz-Wasser-Systeme, bis zu denen experimentell ermittelte Angaben zu den fest-flüssig-Gleichgewichten verfügbar sind.

	Cl^-	Br^-	I^-	SO_4^{2-}	NO_3^-
Li^+	560	100	130	c	130
Na^+	m.p.	680	m.p.	c	m.p.
K^+	m.p.	420	m.p.	c	m.p.
Rb^+	115	120	116	170	118
Cs^+	120	80	109	300	106
Mg^{2+}	350	170	210	350	190
Ca^{2+}	300	110	210	450	500
Sr^{2+}	410	380	180	430	500
Ba^{2+}	c	410	160	300	m.p.
Fe^{2+}	120	130		150	60
Co^{2+}	m.p.	m.p.	160	200	90
Ni^{2+}	118	150	90	200	120
Mn^{2+}	430	100	20	190	75
Zn^{2+}	m.p.	100	100	260	75
Cd^{2+}	m.p.	m.p.	m.p.	200	130

m.p. – Schmelzpunkt; c – kritischer Zustand

durch konnten in der Regel komplizierte Verhältnisse – die stabilen festen Phasen betreffend – vermieden werden. Stofflich betrifft dies insbesondere so technisch interessante Salze, wie $CaSO_4$, $MgSO_4$, Na_2SO_4 etc. Relativ viele Untersuchungen gibt es auch aus geochemischer Sicht zur Löslichkeit von Mineralen unter hydrothermalen Bedingungen.

2.2. Stabile feste Phasen

2.2.1. Binäre Salz-Wasser-Systeme

Bereits in einfachen binären Salz-Wasser-Systemen ergeben sich – neben der Stabilität der beiden Randkomponenten (Eis und einfaches wasserfreies Salz) – verschiedene Möglichkeiten hinsichtlich der Existenz fester Phasen. So ist die Bildung von Verbindungen (Salzhydraten), aber auch die Stabilität oder Metastabilität verschiedener Modifikationen (Polymorphie) in einem binären Salz-Wasser-System zu beobachten. Ein typischer Vertreter, in dem beide Phänomene anzutreffen sind, ist das System $CaCl_2$-H_2O (Abb. 2.1).

In diesem System sind eine Reihe verschiedener Hydrate – angefangen vom Hexahydrat bis zum ⅓-Hydrat – stabil. Das $CaCl_2$-Tetrahydrat kristallisiert in 3 verschiedenen Modifikationen, wobei die β- und die γ-Modifikation metastabil sind.

Unklarheiten bzw. widersprüchliche Angaben bezüglich Zusammensetzung und Stabilitätsbereich der Salzhydrate sind besonders für den Bereich erhöhter Temperaturen typisch. Selbst bei einem so bedeutenden System wie $CaCl_2$-H_2O erfolgte erst unlängst eine erneute Korrektur des Phasendiagramms (Sinke et al. 1986). Bis dahin war die Existenz des $CaCl_2 * \frac{1}{3} H_2O$ nicht bekannt.

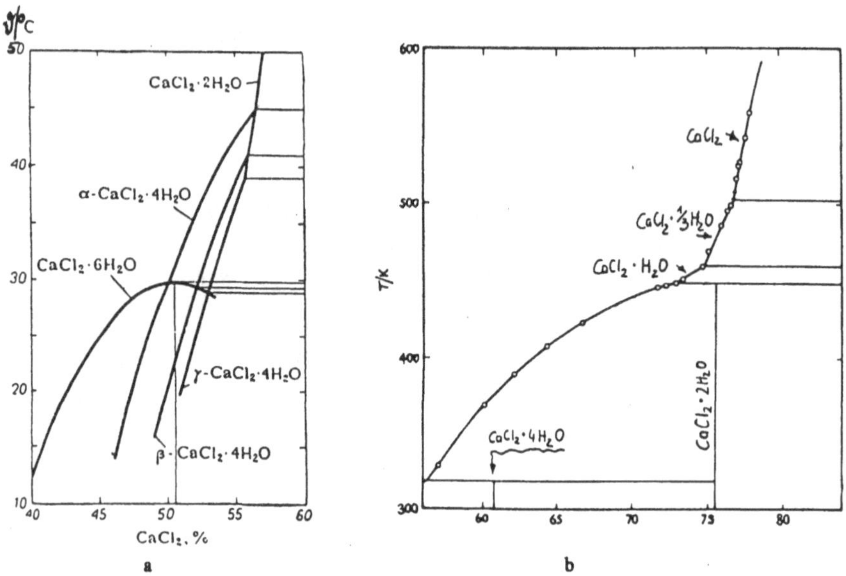

Abb. 2.1 Phasendiagramm des Systems $CaCl_2$-H_2O
a) KIRGINZEV et al. (1972); b) SINKE et al. (1985)

Wie an diesem Beispiel deutlich wird, koexistieren Hydrate mit wenig Wassermolekülen bei höheren Temperaturen mit der flüssigen Phase als Hydrate mit einer größeren Anzahl von Wassermolekülen. Diese Hydrate haben dementsprechend in der Regel höhere Schmelz- bzw. Umwandlungspunkte als die höheren Hydrate. Ausnahmen von dieser Regel sind nur wenige bekannt. Im System $FeCl_3$-H_2O (Abb. 2.2) hat das $FeCl_3*6H_2O$ strukturell bedingt einen höheren kongruenten Schmelzpunkt als das $FeCl_3*3H_2O$.

Ein analoges Phänomen zeigt sich im System $H_2SO_4-H_2O$. $H_2SO_4*4H_2O$ schmilzt bei höheren Temperaturen als das Tri- bzw. das Di-Hydrat.

Relativ wenig Informationen liegen zu Festphasenumwandlungen von Salzhydraten vor. Vom $MgSO_4*6H_2O$ ist bekannt, daß es eine untere Bildungstemperatur von etwa 18 °C hat (Abb. 2.3). Unterhalb dieser Temperatur existiert $MgSO_4*6H_2O$ nur metastabil. Auf Grund dieser Metastabilität ist die direkte Bestimmung der unteren Bildungstemperaturen (z. B. mit den Methoden der thermischen Analyse) meist nicht möglich. Die Reaktion

$$6MgSO_4*6H_2O \leftrightarrow 5MgSO_4*7H_2O + MgSO_4*H_2O \tag{2.1}$$

läuft aus kinetischen Gründen an diesem invarianten Quatrupelpunkt nicht reversibel ab. Im konkreten Fall wurde die untere Bildungstemperatur des $MgSO_4*6H_2O$ aus den Ergebnissen von Löslichkeitsuntersuchungen im höheren System (Zusatz weiterer Salzkomponenten) abgeleitet (D'ANS et al. 1957). Analoges gilt für das $ZnSO_4$-System. Obere Bildungstemperaturen (bei Abwesenheit von flüssiger Phase) sind theoretisch ebenfalls möglich. Beispiele hierfür konnten jedoch nicht gefunden werden.

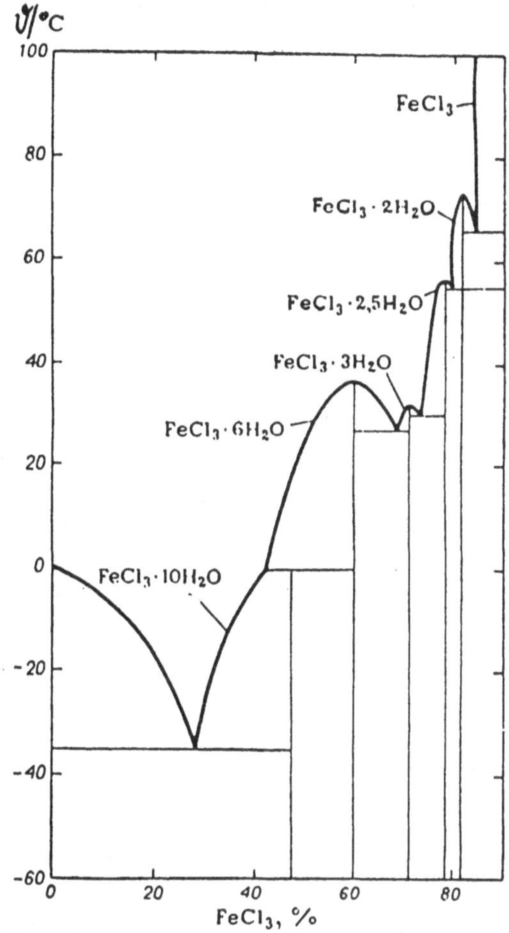

Abb. 2.2 Phasendiagramm des Systems $FeCl_3$-H_2O (KIRGINZEV 1972)

2.2.2. Ternäre und höhere Salz-Wasser-Systeme

Beim Übergang zu ternären Salz-Wasser-Systemen ergeben sich zusätzliche Möglichkeiten für die Bildung fester Phasen. So können neben Eis, den einfachen Salzen und Salzhydraten, Doppelsalze, deren Hydrate (ternäre Verbindungen) sowie Mischkristalle und Mischkristallhydrate stabil auftreten.

Doppelsalze sind stöchiometrische Verbindungen, die aus verschiedenen miteinander verbundenen Koordinationspolyedern aufgebaut sind. Die verschiedenen Polyeder können dabei gemeinsame Elemente besitzen (Ecken-, Kanten-, Flächenverknüpfung).

Der Hydratationsgrad der Doppelsalze hängt wesentlich von den Eigenschaften der einfachen Salze ab, aus denen die Doppelsalze aufgebaut sind. Salze, die in den binären Salz-Wasser-Systemen Hydrate bilden, sind in der Regel im Doppelsalz unter vergleichbaren

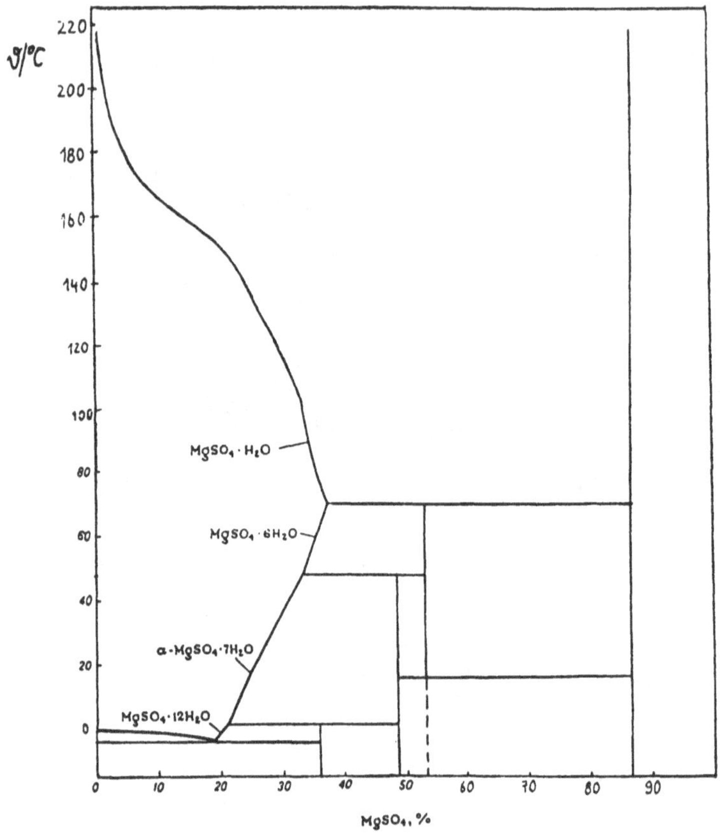

Abb. 2.3 Phasendiagramm des Systems $MgSO_4$-H_2O

Bedingungen auch hydratisiert, da sich im Doppelsalz oft gleiche oder ähnliche Koordinationspolyeder bilden.

Beispielsweise sind bei den Alkalimetallsulfaten, die im wäßrigen System bereits bei relativ niedrigen Temperaturen als wasserfreie Salze auftreten, auch die Doppelsalze – falls sie gebildet werden – wasserfrei (z. B. $3Na_2SO_4{*}K_2SO_4$ –Glaserit).

Anders ist die Situation bei den Doppelsalzen der Halogenide. Während in den binären wasserfreien Systemen Alkalimetallhalogenid-Erdalkalimetallhalogenid oder auch Übergangsmetallhalogenid sehr viele Doppelsalze vom Typ A_xBX_y stabil sind (z. B. SEIFERT und FINK 1975; SEIFERT et al. 1983; SEIFERT und UEBACH 1985; SEIFERT et al. 1985) existieren solche Doppelsalze in den entsprechenden wäßrigen ternären Systemen entweder überhaupt nicht (Hydrolyse) oder erst bei hohen Temperaturen. Dagegen sind in den wäßrigen Systemen Doppelsalzhydrate sehr verbreitet. Ein typischer Vertreter ist der Carnallit ($KCl{*}MgCl_2{*}6\,H_2O$) im System KCl-$MgCl_2$-H_2O.

Bei der Bildung von Mischkristallen und ihren Hydraten läßt sich der isomorphe und der isodimorphe Einbau einer Gastkomponente in ein Wirtsgitter unterscheiden. Isomorphie besteht dann, wenn beide Endglieder einer Mischkristallreihe Verbindungen von gleichem chemischem Typ sind, in der gleichen Raumgruppe kristallisieren und ähnliche Gitterparameter besitzen (BALAREW 1987). Isodimorphie liegt vor, wenn die stabile Kristallform der Gastkomponente diese Eigenschaften nicht aufweist (z. B. in einer anderen Raumgruppe kristallisiert oder ein anderer Typ eines Salzhydrates ist, etc.). Es sind sowohl lückenlose Mischkristallreihen, d. h. Mischbarkeit in jedem Verhältnis, als auch Systeme mit begrenzter Mischbarkeit (Mischungslücke) bekannt.

Oftmals werden – formal gesehen – in einem Mischkristall Ionen des Wirtsgitters durch homologe Ionen ersetzt, z. B. KCl_xBr_{1-x} (System KCl-KBr-H_2O) oder $Rb_xCs_{1-x}MgCl_3*6\,H_2O$ (Mischkristalle im pseudoternären System $RbCl*MgCl_2*6H_2O$-$CsCl*MgCl_2*6H_2O$-H_2O).

Ausgetauscht werden kann ein Ion des Wirtsgitters aber nicht nur durch ein homologes Ion, sondern auch durch eine Strukturgruppe. So wird beispielsweise im $CsCl$ das Cs-Ion durch die Struktureinheit ($Na*H_2O$) unter Bildung von Mischkristallen des Typs $[Cs_{1-x}(Na*H_2O)_x]Cl$ in bestimmten Grenzen ersetzt (CHOU et al. 1983; CHOU und ROMANKIW, 1983).

Die Bildung von Tripelsalzen in quaternären oder höheren Salz-Wasser-Systemen ist relativ selten. Ein bekannter Vertreter dieses Typs ist der Polyhalit $K_2SO_4*MgSO_4*2CaSO_4*2H_2O$, der als natürliches Mineral vorkommt.

2.2.3. Regeln für die Bildung von Salzhydraten

Welches Salzhydrat in einem System unter welchen Bedingungen stabil ist, ist von vielen Faktoren abhängig und läßt sich nicht eindeutig vorhersagen. Einige Regeln gestatten jedoch qualitative Betrachtungen insbesondere für die strukturell einfacheren Halogenide. Tabelle 2.2 gibt einen Überblick über bekannte Salzhydrate der Halogenide, Sulfate und Nitrate der Alkali-, Erdalkali- und einiger ausgewählter Übergangsmetalle. Die in den entsprechenden binären Salz-Wasser-Systemen nur metastabil auftretenden Salzhydrate wurden in Klammern gesetzt.

Bei den Alkalimetallhalogeniden ist die Bildung von Hydraten bei Salzen mit großem Kation und kleinem Anion (z. B. CsF) oder umgekehrt kleinem Kation und großem Anion (z. B. LiI) eindeutig bevorzugt, da bei diesen Salzen eine optimale Anordnung der Ionen im wasserfreien Salz im Sinne einer dichten Kugelpackung nicht erreicht werden kann. Die Schmelz- bzw. Umwandlungspunkte der Alkalimetallhalogenidhydrate liegen infolge der geringen Ionenpotentiale bei relativ niedrigen Temperaturen. Nur Rubidium- und Caesiumfluorid sowie Lithiumbromid und -iodid bilden Hydrate, die z. T. auch deutlich oberhalb 100 °C (kongruent oder inkongruent) schmelzen.

Alle Erdalkalimetallhalogenide – mit Ausnahme der Fluoride – bilden Hydrate, wobei bei gleichem Anion die maximale Anzahl der H_2O-Moleküle des Salzhydrates mit dem Ladungs-Radius-Verhältnis des Erdalkalimetallkations korreliert, d. h. sie ist in der Regel beim Magnesium am größten und nimmt zum Barium hin ab. Erdalkalimetallhalogenidhydrate sind selbst bei relativ hohen Temperaturen (> 250 °C) noch stabil.

Auch bei den Sulfaten und Nitraten der Erdalkalimetalle korreliert der Hydratationsgrad mit dem Kationenpotential.

Die in Tabelle 2.2 aufgeführten Übergangsmetalle verhalten sich sehr ähnlich wie die Erdalkalimetalle Magnesium und Calcium (ähnliche Größenverhältnisse). Besonderheiten ergeben

Tabelle 2.2
Hydratwassergehalt einiger ausgewählter Salze

	F^-	Cl^-	Br^-	I^-	SO_4^{2-}	NO_3^-
Li^+	–	5,3,2,1	5,3,2,1	3,2,1,0.5	1	3
Na^+	–	2	5,2	5,2	10,(7)	–
K^+	4,2	1	–	–	1	–
Rb^+	4,3,2,1.5,⅓	–	–	–	–	–
Cs^+	3,1.5,1	–	–	–	–	–
Mg^{2+}	–	12,8,6, 4,2,1	10,6	8,6	12,7,6,(5), (4),1	9,6, (4),2
Ca^{2+}	–	6,4,2,1,⅓	6	6,4	2,(0.5)	4,3,2
Sr^{2+}	–	6,2,1,0.5	6,1	6,2	–	4
Ba^{2+}	–	2,1,0.5	2,1	7.5,2,1	–	–
Fe^{2+}	–	6,4,2	9,6,4,2		7,4,1	9,6
Co^{2+}	4	6,(4),2,1	6,4,2,1		7,6,(4), (2),1	9,6,3
Ni^{2+}	4	6,4,2	6	6,4	7,6,(5),(4), (3),(2),1	9,6,4,2
Mn^{2+}	4	6,4,2	4,2	9,4	7,5,(4), (2),1	6,4, 2,1
Zn^{2+}	4,2	4,3,2.5, 1.5,1	3,2	2	7,6,1	9,6, 4,2,1
Cd^{2+}		4,2.5,1	4	4	(7),$^8/_3$,1	9,4,2

sich bei den Übergangsmetallen jedoch durch ihre Elektronenstruktur (unvollständig besetzte d-Orbitale).

Bei den Alkalimetall- und Erdalkalimetallhalogeniden mit bevorzugter Kationenhydratation nehmen im allgemeinen die Tendenz zur Hydratbildung sowie die Schmelz- bzw. Umwandlungstemperaturen mit zunehmender Größe des Anions zu, da durch große Anionen die Kation-Wasser-Wechselwirkung noch verstärkt wird. So steigt z. B. der Schmelzpunkt des MgX_2*6H_2O von 117 °C für X = Cl auf etwa 170 °C beim Bromid und auf über 200 °C beim Iodid. Analoges gilt für die oberen Stabilitätsgrenzen der Natriumhalogenidhydrate $NaX*2H_2O$ (X = Cl → 0,2 °C; X = Br → 50,2 °C; X = I → 68 °C). Andererseits nehmen in der Regel bei Salzen mit starker Anion-Wasser-Wechselwirkung die Tendenz zur Hydratbildung und die Schmelz- bzw. Umwandlungspunkte der Hydrate mit zunehmender Kationengröße zu. So bilden bei den Alkalimetallfluoriden das LiF und das NaF keine Hydrate (beide Salze sind relativ schwer löslich), während das $RbF*H_2O$ bei Temperaturen bis 68 °C und das $CsF*H_2O$ selbst bei Temperaturen oberhalb 150 °C noch stabil sind. Daß es sich hierbei allerdings nur um eine Regel handelt, beweist das KF, das innerhalb dieser Reihe eine Ausnahme darstellt. Neben den diskutierten rein COULOMB'schen Wechselwirkungen spielen eine Reihe anderer Einflußfaktoren (Geometrie, Anteil kovalenter Bindungen) eine entscheidende Rolle für die Bildung und Stabilität von Salzhydraten.

2.3. Methoden zur experimentellen Bestimmung von fest-flüssig-Phasengleichgewichten von Salz-Wasser-Systemen bei erhöhten Temperaturen

Die Zielstellung der experimentellen Bestimmung von fest-flüssig-Gleichgewichten ist die Ermittlung der Anzahl, Art und Zusammensetzung der sich im Gleichgewicht befindlichen festen und flüssigen Phasen. Von großer Wichtigkeit ist dabei, den Zustand des Systems zu charakterisieren, d. h. die Frage zu beantworten, inwieweit ein thermodynamisches Gleichgewicht erreicht ist. Dies ist oft ein nicht einfach zu lösendes Problem, so daß es von großer Bedeutung ist, möglichst viele Informationen – insbesondere auch über die festen Phasen – zu besitzen.

Der Dampfdruck eines Systems ist die Eigenschaft, die Methoden zur Bestimmung von fest-flüssig-Gleichgewichten bei Temperaturen über 100 °C am nachhaltigsten prägt. Durch die sich in diesem Temperaturbereich zwangsläufig ergebenden Drucke größer 0,1 MPa müssen in jedem Fall die Apparate als geschlossene Systeme, d. h. als gasdichte Druckbehälter ausgelegt werden. Unterschieden werden synthetische und analytische Methoden.

Eine **synthetische** Methode ist dadurch gekennzeichnet, daß in einem System bekannter Gesamtzusammensetzung die Zustandsvariablen Temperatur oder Druck solange geändert werden, bis eine Phase (meist die feste) eines Phasengemisches aus zwei kondensierten Phasen (flüssig und fest) sich gerade bildet oder gerade verschwindet. Meist wird die Temperatur solange verändert (dynamisch oder schrittweise), bis sich die feste Phase gerade völlig in der flüssigen Phase aufgelöst hat bzw. umgekehrt gerade aus der flüssigen Phase zu kristallisieren beginnt.

Verschiedene Eigenschaften werden zum Erkennen des Phasenübergangs herangezogen. Am weitesten verbreitet sind die visuelle Betrachtung des Systems (z. B. D'Ans 1941; Marshall et al. 1954; Marshall 1985) sowie das Verfolgen der Änderung des Dampfdruckes mit der Temperatur (z. B. Potter et al. 1977; Ravich 1958).

Das Erkennen des Phasenübergangs ist generell problematisch. Meist sind die dazu genutzten Unstetigkeitsstellen einer geeigneten physikalischen Größe nicht genügend scharf ausgeprägt (z. B. die Knickpunkte in den Dampfdruckkurven).

Prinzipiell können synthetische Methoden sowohl statisch, als auch dynamisch betrieben werden. Letzteres setzt allerdings voraus, daß das Gleichgewicht schnell erreicht wird. Darüberhinaus ergeben dynamische Methoden keine „exakten" Gleichgewichtszustände, d. h. daß beispielsweise die ermittelte Temperatur nicht die thermodynamische Gleichgewichtstemperatur ist, sondern immer mehr oder minder von dieser abweicht. Werden synthetische Methoden statisch betrieben, so läßt sich dadurch ein Gleichgewichtszustand weitaus besser erreichen, der Aufwand steigt jedoch extrem an und liegt dann in der Regel weit über dem einer analytischen Methode, da der zu bestimmende Phasenübergang nicht direkt, sondern nur indirekt aus mehreren Experimenten ermittelt wird.

Der gravierendste Nachteil einer synthetischen Methode liegt jedoch darin, daß die stabile feste Phase in der Regel bereits vor dem Experiment bekannt sein muß. Unter Umständen läßt sich mit einer synthetischen Methode durch mehrere Experimente die Zusammensetzung der gebildeten unbekannten festen Phase ermitteln, sie steht jedoch nicht für eine nachfolgende Charakterisierung zur Verfügung.

Zu den **analytischen** Methoden sind die Methoden zu zählen, bei denen das fest-flüssig-System bei konstanter Temperatur ins Gleichgewicht gebracht und nachfolgend die Zusammensetzung der Phasen bestimmt (analysiert) wird. Die Gleichgewichtseinstellzeiten sind dabei in der Regel nicht begrenzt, d. h. auch Systeme, die lange bis zum Erreichen eines Gleichgewichtszustandes benötigen, lassen sich mit solchen Methoden direkt untersuchen. Problematisch ist allerdings die Trennung der Phasen (fest-flüssig) unter Gleichgewichtsbedingungen. Meist wird nur eine Probe der flüssigen Phase entnommen und analysiert (GILL und MARSHALL 1961; MARSHALL und JONES 1966) da insbesondere bei hochkonzentrierten Systemen die Abtrennung der festen Phase(n) an erhebliche apparative Probleme gebunden ist. Daraus resultiert, daß Systeme mit komplizierten Verhältnissen bezüglich der Stabilität von festen Phasen (Salzhydrate, Doppelsalzbildung, Mischkristalle) im Hochtemperaturbereich bisher kaum untersucht worden sind.

Generell bieten die analytischen Methoden – im Gegensatz zu den synthetischen Methoden – jedoch die Möglichkeit, die stabilen oder auch metastabilen festen Phasen abzutrennen und getrennt zu untersuchen bzw. zu charakterisieren. Dies ist der wesentliche Vorteil einer analytischen Methode. Darüberhinaus lassen sich mit analytischen Methoden auch sehr komplexe Systeme direkt untersuchen. Nachteilig wirkt sich allerdings der z. T. sehr hohe analytische Aufwand (Bestimmung der Zusammensetzung der einzelnen Phasen) aus.

Eine detaillierte Analyse der in der Literatur beschriebenen experimentellen Methoden zur Bestimmung von fest-flüssig-Phasengleichgewichten in Salz-Wasser-Systemen bei erhöhten Temperaturen wurde bereits früher vorgenommen (FANGHÄNEL 1984).

3. Modelle zur Beschreibung und Vorhersage der Phasengleichgewichte von Salz-Wasser-Systemen

Durch die Kombination von mehreren Salzkomponenten lassen sich eine Vielzahl möglicher Salz-Wasser-Systeme formulieren. Dies hat zur Folge, daß der weitaus überwiegende Teil von Multikomponenten-Salz-Wasser-Systemen bisher nicht experimentell untersucht wurde.

Die Phasengleichgewichte von Salz-Wasser-Systemen mit geeigneten Methoden zu beschreiben bzw. vorherzusagen, ist daher von großer Bedeutung, insbesondere wenn damit aufwendige Experimente vermieden bzw. in ihrer Anzahl reduziert werden können.

Unterscheiden lassen sich solche Methoden nach
- empirischen Modellen und
- Modellen, die auf Konzepten der Thermodynamik basieren.

Für beide Kategorien seien im folgenden geeignete Ansätze als Überblick dargestellt.

3.1. Empirische Modelle

Von Nyvlt (1977) werden verschiedene geometrische Projektionsmethoden zusammengefaßt, die in erster Näherung Vorhersagen für höhere Systeme ermöglichen, wenn die Eigenschaften der Randsysteme bekannt sind. Für wäßrige Systeme wurden diese Methoden jedoch nie breiter angewendet.

Zdanovski (1948) postulierte, daß die Löslichkeit eines Salzes in verschiedenen Elektrolyten mit einem gemeinsamen Ion additiv ist, wenn die Endlösung durch das Mischen von Salzlösungen gleicher Wasseraktivität erzeugt wird. Durch Kenntnis der fest-flüssig-Gleichgewichte der wässrigen Zwei- und Dreikomponenten-Systeme und der Wasseraktivitäten läßt sich somit ein Multikomponenten-System vorausberechnen. Die Berechnung der Wasseraktivitäten des Mehrkomponenten-Systems kann auf analoge Weise aus den Angaben zu den Randsystemen erfolgen. Allerdings müssen Wasseraktivitätsdaten auch für den übersättigten Bereich bekannt sein, bzw. in diesen hinein extrapoliert werden.

In Abbildung 3.1 ist die Ermittlung der isothermen Zweisalzlinien eines quaternären Salz-Wasser-Systems aus den Angaben der ternären Randsysteme bei Anwendung der Zdanovskischen Methode graphisch illustriert. Dargestellt sind die wasserfreien Projektionen der Isothermen. Die Schnittpunkte der extrapolierten Löslichkeitskurven mit einer Linie konstanter Wasseraktivität werden in das Dreiecksdiagramm transformiert. Die Verbindungslinien dieser transformierten Schnittpunkte schneiden sich dann ihrerseits und ergeben einen Punkt auf der stabilen oder metastabilen (übersättigten) Zweisalzlinie im quaternären System. Durch Wiederholung der Prozedur bei verschiedenen Wasseraktivitäten resultieren alle drei Zwei-

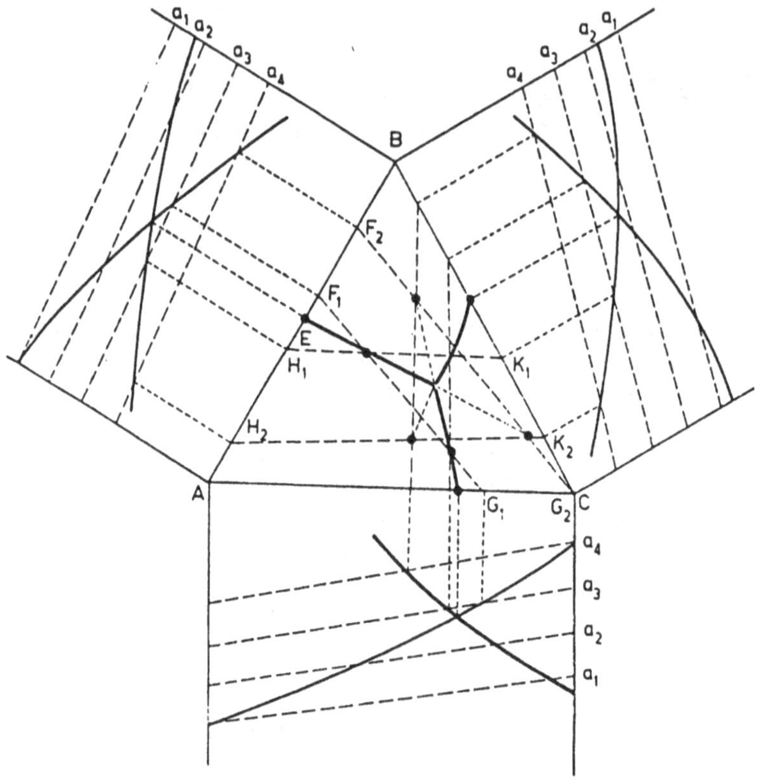

Abb. 3.1 Bestimmung der isothermen Zweisalzlinie eines quaternären Systems durch Anwendung der Methode nach Zdanovski. Die Abb. wurde NYVLT (1977) entnommen (a_i – Wasseraktivität; F_i, G_i, H_i, K_i – Hilfspunkte zur Konstruktion der Zweisalzlinien)

salzlinien bis zu deren Schnittpunkt im isotherm invarianten Dreisalzpunkt. Die hier graphisch illustrierte Methode läßt sich selbstverständlich auch numerisch formalisieren.

Breitere Anwendung finden empirische Gleichungen zur Beschreibung der Temperaturabhängigkeit der Löslichkeit besonders in binären Salz-Wasser-Systemen. Neben Ansätzen der Form

$$Y = a_0 + a_1/T + a_2{*}\ln(T) + a_3{*}T + a_4{*}T \qquad (3.1)$$

$$Y = \ln(m/m_0) - n{*}M_2{*}(m - m_0)$$

(n – Anzahl der H_2O-Moleküle im Salzhydrat, m – Löslichkeit in mol/kg H_2O, m_0 – Referenzmolalität, M_2 – molare Masse des H_2O, a_i – Konstanten, T – Temperatur in K) (SIEKIERSKI und SALOMON 1985) finden vor allem Polynome auch zur Beschreibung von Isothermen oder Sättigungsflächen in höheren Systemen Anwendung.

Die Form der Gleichung (3.1) hat im weiteren Sinn einen thermodynamischen Hintergrund (VOGEL et al. 1983). Kombiniert man die Temperaturabhängigkeit der Schmelzenthalpie der gelösten Komponente (SCHRÖDER-Gleichung; SCHRÖDER 1893) mit einem Polynom, das das

Realverhalten beschreibt (Temperaturabhängigkeit des Aktivitätskoeffizienten), so folgt daraus für den Sättigungsmolenbruch x in einem binären System

$$\ln x_{(2)} = A + B/T + C^*\ln(T) + D_1{}^*T + D_2{}^*T^{2} + \ldots \qquad (3.2)$$

Viele Systeme, sowohl Elektrolyte als auch Nichtelektrolyte, werden bereits mit den drei Parametern A, B und C ausreichend genau beschrieben.

Bedeutung haben empirische Gleichungen
- für den schnellen Zugriff zu Informationen für technische Prozesse,
- zur Interpolation von experimentell ermittelten Daten und
- zur Überprüfung der Konsistenz von Daten verschiedener Quellen.

Nachteilig wirkt sich aus, daß solche Modelle
- sehr viele Daten erfordern,
- keine Extrapolationen ermöglichen und
- keinen thermodynamischen Konsistenztest zulassen.

3.2. Modelle basierend auf Konzepten der Thermodynamik

Fest-flüssig-Gleichgewichte von Salz-Wasser-Systemen lassen sich unter Anwendung der Gesetzmäßigkeiten der Thermodynamik exakt vorausberechnen, wenn die Gleichgewichtskonstanten und die Aktivitätskoeffizienten der einzelnen Komponenten bekannt sind.

Für eine feste Phase der allgemeinen Formel $M_{\nu(M)}X_{\nu(X)}{}^*nH_2O$ mit $\nu_{(M)}$ Kationen M mit der Ladungszahl $z_{(M)}$, $\nu_{(X)}$ Anionen X mit der Ladungszahl $z_{(X)}$ und n Molekülen H_2O gilt folgendes Gleichgewicht:

$$M_{\nu(M)}X_{\nu(X)}{}^*nH_2O \leftrightarrow \nu_{(M)}M^{z(M)+}_{(aq)} + \nu_{(X)}X^{z(X)-}_{(aq)} + nH_2O_{(l)}$$

Für die Gleichgewichtskonstante (Löslichkeitskonstante) folgt bei konstanter Temperatur und konstantem Druck

$$\ln K_L = \mu^0_{(s)}/RT - \Sigma\nu_i\mu^0_{i(aq)}/RT - n\mu^o H_2O_{(l)}/RT \qquad (3.3)$$

wobei μ_i^o die chemischen Standardpotentiale der festen Phasen, der Ionen in der wäßrigen Phase und des flüssigen Wassers sind. Als Standardzustand für die Ionen in der wäßrigen Phase wird in der Regel der hypothetische Zustand einer 1 molalen unendlich verdünnten Lösung, für die feste Phase und für das Wasser im flüssigen Zustand der Standardzustand reiner Stoffe gewählt.

Für die Temperaturabhängigkeit der chemischen Potentiale der einzelnen Spezies gilt bei konstantem Druck

$$\mu^o_{i,T} - \mu^o_{i,298} = -S^o_{i,298}(T-298) + \int_{298}^{T} c^o_{pi}(T)dT - T\int_{298}^{T} (c^o_{pi}(T)/T)dT \qquad (3.4)$$

wobei $S^o_{i,298}$ die Standardentropie der Komponente i bei der Referenztemperatur 298 K (Tabellierungstemperatur) und $c^o_{pi}(T)$ die Temperaturfunktion für die Standardwärmekapazität sind.

Der Druckeinfluß auf das chemische Potential ist in der Regel sehr klein und kann vernachlässigt werden, wenn unter hydrothermalen Bedingungen das betrachtete Temperaturintervall nicht zu groß (mehrere Hundert Kelvin) ist.

Die Zusammensetzung der flüssigen Phase (Löslichkeit) ist mit der Gleichgewichtskonstante (Löslichkeitskonstante) wie folgt verknüpft:

$$\ln K_L = \nu_{(M)} \ln(m_{(M)} \gamma_{(M)}) + \nu_{(X)} \ln(m_{(X)} \gamma_{(X)}) + n \ln a_W \tag{3.5}$$

(m ist die Molalität, γ der Aktivitätskoeffizient der Kationen bzw. Anionen, a_W ist die Wasseraktivität.)

Für den mittleren Aktivitätskoeffizienten $\gamma^{+/-}$ eines Elektrolyten gilt:

$$\gamma^{+/-} = \sqrt[\nu]{\gamma_{(M)}^{\nu_{(M)}} * \gamma_{(X)}^{\nu_{(X)}}} \tag{3.6}$$

Osmotischer Koeffizient und Wasseraktivität sind über Gleichung (3.7) miteinander verbunden:

$$\phi = -1000 \ln a_W / (18{,}0152 * \Sigma m_i) \tag{3.7}$$

Für die beiden für die Berechnung von fest-flüssig-Gleichgewichten erforderlichen Größen – Aktivitätskoeffizient und Löslichkeitskonstante – sollen im folgenden Möglichkeiten der Berechnung aufgezeigt werden.

Eine rigorose Lösung des Problems der Vorausberechnung (ab initio-Berechnung) von Aktivitätskoeffizienten in Salz-Wasser-Systemen in breiten Zusammensetzungsbereichen ist bisher nicht gelungen. Obwohl in den letzten Jahren Fortschritte insbesondere durch die MSA-Theorie (mean spherical approximation) erzielt wurden, liegen die Konzentrationsgrenzen für die Anwendung dieser Theorie bei etwa 1 bis 2 molal, wobei dann in der Regel bereits ein adjustierbarer Parameter (Kationendurchmesser) eingeführt wird (CORTI 1987; BLUM 1988). Für die Berechnung von fest-flüssig-Gleichgewichten von Salz-Wasser-Systemen muß daher auf halbempirische Ansätze zurückgegriffen werden.

Viele solcher halbempirischen Ansätze zur Beschreibung der osmotischen- und Salzaktivitätskoeffizienten wurden publiziert. Der nachfolgende Überblick bezieht sich auf Ansätze, die speziell für die Beschreibung von fest-flüssig-Gleichgewichten von Salz-Wasser-Systemen angewendet wurden, bzw. die besonders für den Bereich hoher Salzkonzentrationen (leicht lösliche starke Elektrolyte) von Interesse sind. Ansätze, die vorwiegend für Systeme mit schwerlöslichen Salzen Anwendung fanden (HELGESON 1967, 1968, 1969; HELGESON et al. 1974, 1981; MARSHALL 1970, 1985; MARSHALL et al. 1964, 1966, 1973, 1975) sollen nicht berücksichtigt werden. Auch werden die vielen bisher bekannten Nichtelektrolyt-Ansätze nur auszugsweise – sofern sie für die Problemstellung interessant erscheinen – behandelt.

3.2.1. Halbempirische Ansätze zur Beschreibung der osmotischen- und Salzaktivitätskoeffizienten in wäßrigen Elektrolyt-Systemen

Viele existierende Ansätze lassen sich unter dieser Überschrift einordnen. Allen gemeinsam ist in der Regel, daß die osmotischen Koeffizienten ϕ und die Salzaktivitätskoeffizienten $\gamma^{+/-}$ der Mischung durch die entsprechenden Größen der Randsysteme beschrieben werden. Zusätzlich lassen sich Wechselwirkungsparameter höherer Ordnung einführen, die z. T. vernachlässigt werden, oder von denen angenommen wird, daß Terme, die die verschiedenen Wechselwirkungen beschreiben, sich gegenseitig aufheben.

HARNED-Regel

Für ein System H_2O-B-C gilt:

$$\log \gamma_{(B)} = \log \gamma^{o}_{(B)} - \alpha_B * m_{(C)} \tag{3.8}$$

$$\log \gamma_{(C)} = \log \gamma^{o}_{(C)} - \alpha_C * m_{(C)} \tag{3.9}$$

$\gamma^{o}_{(i)}$ ist der Aktivitätskoeffizient der Komponente i in seiner binären Randlösung bei der Ionenstärke der Mischung. Die empirischen Koeffizienten α_i werden als Harned-Koeffizienten bezeichnet (HARNED 1935; HARNED und ROBINSON 1968).

WOOD (1975) führte eine Erweiterung der HARNED-Regel für höhere Systeme ein.

$$\log \gamma +/-_i = \log \gamma +/-^{o}_i + \left(\sum_{j=1}^{n} \alpha_{ij} * Y_i \right) * I \tag{3.10}$$

Die einzelnen Größen haben zu denen der HARNED-Regel analoge Bedeutung (Y_i ist der Ionenstärkebruch und I die Ionenstärke). Terme höherer Ordnung sind vernachlässigt.

Anwendung fand dieser Ansatz z. B. im System NaCl-KCl-$MgCl_2$-$CaCl_2$-H_2O bei 35 °C (WOOD 1975) und für das System NaCl-KCl-H_2O im Temperaturbereich 0–200 °C (WOOD 1976).

Zur Beschreibung der Aktivitätskoeffizienten der binären Mischung werden in der Regel Ausdrücke abgeleitet aus der erweiterten DEBYE-HÜCKEL-Theorie (DH) genutzt. Ein Beispiel ist in Gleichung (3.11) aufgeführt.

$$\ln \gamma^{o} +/-_i = -|z^+ z^-| A * I^{1/2}/(1 + \alpha * I^{1/2}) + B * I \tag{3.11}$$

LIETZKE und STOUGHTON (1972, 1974) schlugen folgende empirische Gleichung zur Berechnung der Aktivitätskoeffizienten in einem System mit gemeinsamem Ion vor:

$$\ln \gamma +/-_i = \ln \gamma +/-^{o}_i + 0.5 \Sigma Y_i (z_i * z_j^{-1} * \ln \gamma +/-^{o}_j - \ln \gamma +/-^{o}_i) \tag{3.12}$$

$$\phi = \Sigma (z_j + 1) * m_j * \phi^{o}_j / (\Sigma (z_i + 1) * m_i) \tag{3.13}$$

$\gamma +/-^{o}_i$ und ϕ^{o}_i sind wiederum die Aktivitäts- bzw. osmotischen Koeffizienten der reinen binären Lösung bei der Ionenstärke der Mischung. Für $\gamma +/-^{o}_i(I)$ und $\phi^{o}_i(I)$ wurde gleichfalls die erweiterte DH-Theorie angewendet.

Wie bei all diesen Ansätzen ergibt sich auch bei diesem Modell, insbesondere bei der Beschreibung von fest-flüssig-Gleichgewichten das Problem, daß die Funktionen $\gamma +/-^{o}_i(I)$ und $\phi^{o}_i(I)$ weit in den übersättigten Bereich extrapoliert werden müssen, da die Ionenstärke der Mischung meist beträchtlich höher ist als die der gesättigten Randlösung. In ladungsunsymmetrischen Mischungen, z. B. zwischen II-I und III-I-Elektrolyten ergeben sich bis zu um eine Größenordnung höhere Ionenstärken in der ternären Mischung im Vergleich zur gesättigten binären Randlösung des I-I-Elektrolyten, auch dann, wenn dieser zu den leichtlöslichen Salzen, wie z. B. KCl zu zählen ist.

MARCUS und SOFFER (1988) stießen bei der Anwendung des Ansatzes von LIETZKE und STOUGTHEN zur Beschreibung der fest-flüssig-Gleichgewichte des Systems $NaCl$-KCl-$MgCl_2$-$CaCl_2$-H_2O bei 25 °C auf eben diese Schwierigkeiten. Umgangen wurde das Problem, indem in die Koeffizienten der erweiterten DH-Theorie zusammensetzungsabhängige Korrekturglieder eingeführt wurden, die aus den isotherm invarianten Punkten der fest-flüssig-Gleichgewichte der ternären Systeme ermittelt wurden.

Auf weitere Ansätze, wie z. B. von SCATCHARD (1961) oder REILLEY et al. (1971) soll hier nicht näher eingegangen werden. Eine Reihe solcher halbempirischer Gleichungen zur Beschreibung der Aktivitäts- und osmotischen Koeffizienten in Salzlösungen wurde von MARCUS (1977) getestet und auf ihre Anwendbarkeit geprüft.

3.2.2. Ion-Wechselwirkungsmodell (PITZER-Gleichung)

Das unter dem Namen „PITZER-Gleichung" in die Literatur eingegangene Gleichungssystem findet in den letzten 10–15 Jahren bedeutende Aufmerksamkeit und ist Gegenstand zahlreicher Publikationen (PITZER 1973, 1975, 1979). Dem Wesen nach besteht die PITZER-Gleichung aus einem DH-Term und einer Virialgleichung. Die kurzreichenden Wechselwirkungen bzw. Solvatationseffekte in einer Elektrolytlösung werden durch die Virialkoeffizienten empirisch beschrieben, während die Form der Gleichung und der DH-Term theoretisch durch die statistische Mechanik fundiert sind.

Dies ist der eigentliche Vorteil der PITZER-Gleichung gegenüber anderen Ansätzen. Eine Extrapolation z. B. in den übersättigten Bereich gelingt dadurch weitaus besser als mit anderen halbempirischen Ansätzen. Spezifische Wechselwirkungen zwischen den Salz-Komponenten finden im PITZER-Modell keine Berücksichtigung.

Die allgemeinen Gleichungen für die osmotischen und Aktivitätskoeffizienten sind in den Gl. 3.14 und 3.15 zusammengefaßt. Die Gleichungen sind mit der von KIM und FREDERICK Jr. (1988) oder der von HARVIE und WEARE (1980) angegebenen Form identisch.

$$
\begin{aligned}
\Phi - 1 = \frac{2}{\Sigma m_i} \Bigg\{ & \frac{-A^{\phi}|^{3/2}}{1 + b|^{1/2}} + \sum_c \sum_a m_c m_a (B^{\phi}_{ca} + Z C_{ca}) \\
& + \sum_{c<c'} \sum m_c m_{c'} (\Phi^{\phi}_{cc'} + \sum_a m_a \Psi_{cc'a}) + \sum_{a<a'} \sum m_a m_{a'} (\Phi^{\phi}_{aa'} + \sum_c m_c \Psi_{aa'c}) \Bigg\}
\end{aligned}
\tag{3.14}
$$

$$
\begin{aligned}
\ln \gamma_{MX} = |z_M z_X| F & + \left(\frac{2\nu_M}{\nu}\right) \sum_a m_a \left[B_{Ma} + \frac{Z}{2} C_{Ma} + \left(\frac{\nu_X}{\nu_M}\right) \Phi_{Xa} \right] \\
& + \left(\frac{2\nu_X}{\nu}\right) \sum_c m_c \left[B_{cX} + \frac{Z}{2} C_{cX} + \left(\frac{\nu_M}{\nu_X}\right) \Phi_{Mc} \right] \\
& + \nu^{-1} \sum_c \sum_a m_c m_a [2\nu_M z_M C_{ca} + \nu_M \Psi_{cMa} + \nu_X \Psi_{acX}] \\
& + \sum_{c<c'} \sum m_c m_{c'} \left(\frac{\nu_X}{\nu}\right) \Psi_{cc'\hat{X}} + \sum_{a<a'} \sum m_a m_{a'} \left(\frac{\nu_M}{\nu}\right) aa'M
\end{aligned}
\tag{3.15}
$$

wobei

$$F = -A^{\phi}\left[\frac{I^{1/2}}{1+b\,I^{1/2}} + \frac{2}{b}\ln(1+b\,I^{1/2})\right]$$

$$+\sum_c\sum_a m_c m_a B'_{ca} + \sum_{c<c'}\sum m_c m_{c'} \Phi'_{cc'} + \sum_{a<a'}\sum m_a m_{a'} \Phi'_{aa'}$$

$$Z = \sum_i m_i |z_i|; \quad I = 1/2 \sum_i m_i z_i^2$$

$$B_{MX}\phi = \beta_{MX}{}^{(0)} + \beta_{MX}{}^{(1)} \exp(-\alpha_1 I^{1/2}) + \beta_{MX}{}^{(2)} \exp(-\alpha_2 I^{1/2})$$

$$B_{MX} = \beta_{MX}{}^{(0)} + \beta_{MX}{}^{(1)} f(\alpha_1 I^{1/2}) + \beta_{MX}{}^{(2)} f(\alpha_2 I^{1/2})$$

$$B'_{MX} = \beta_{MX}{}^{(1)} f'(\alpha_1 I^{1/2})/ + \beta_{MX}{}^{(2)} f'(\alpha_2 I^{1/2})/$$

mit

$$f(\chi) = 2[1-(1+\chi)\exp(-\chi)]/\chi^2$$

und

$$f'(\chi) = -2[1-(1+\chi+1/2\,\chi^2)\exp(-\chi)]/\chi^2$$

$$C_{MX} = C^{\phi}{}_{MX}/2[z_M z_X]^{1/2}$$

A^{ϕ} ist der DEBYE-HÜCKEL Koeffizient für osmotische Koeffizienten, α_1, α_2 und b sind empirische Parameter. M, c und c′ beziehen sich auf Kationen der Ladungszahl z_M mit dem Stöchiometriekoeffizient ν_M und X, a und a′ auf Anionen der Ladungszahl z_X mit dem Stöchiometriekoeffizient ν_X. Die zweiten Virialkoeffizienten Φ_{ij} der gemischten Lösungen sind wie folgt definiert,

$$\Phi^{\phi}{}_{ij} = \theta_{ij} + {}^{E}\theta_{ij}(I) + I\,{}^{E}\theta'_{ij}(I) \tag{3.16}$$

$$\Phi_{ij} = \theta_{ij} + {}^{E}\theta_{ij}(I) \tag{3.17}$$

$$\Phi'_{ij} = {}^{E}\theta'_{ij}(I) \tag{3.18}$$

wobei θ_{ij} ein adjustierbarer Parameter für jedes Anionen-Anionen- und Kationen-Kationen-Paar ist. Die dritten Virial-Koeffizienten ψ_{ijk} werden als ionenstärkeunabhängig angenommen. Die elektrostatischen Terme höherer Ordnung $\theta_{ij}(I)$ und $\theta'_{ij}(I)$ ergeben sich nach den Gleichungen (3.19) und (3.20).

$${}^{E}\theta_{MN}(I) = \frac{z_M z_N}{4I}\left[J0(X_{MN}) - \frac{1}{2}J0(X_{MM}) - \frac{1}{2}J0(X_{NN})\right] \tag{3.19}$$

$${}^{E}\theta'_{MN}(I) = \frac{z_M z_N}{8\,I^2}\left[J1(X_{MN}) - \frac{1}{2}J1(X_{MM}) - \frac{1}{2}J1(X_{NN})\right] - \frac{{}^{E}\theta_{MN}}{I} \tag{3.20}$$

Wenn $z_M = z_N$ dann folgt ${}^{E}\theta_{ij}(I) = {}^{E}\theta'_{ij}(I) = 0$. Die Terme J0(X) und J1(X) können empirisch mit den von PITZER (1975) angegebenen Beziehungen berechnet werden. Die binären Parameter $\beta^{(0)}$, $\beta^{(1)}$, $\beta^{(2)}$ und C^{ϕ} sind aus experimentell ermittelten Größen (ϕ, γ) der binären Randsysteme zugänglich. $\beta^{(2)}$ besitzt nur für Salze von höherem Valenztyp (z. B. $MgSO_{4(aq)}$) Bedeutung. Für I:I-, I:II- und II:I-Elektrolyte gilt $\beta^{(2)} = 0$.

Sehr breite Anwendung fand dieses Gleichungssystem zur Beschreibung bzw. Vorhersage von fest-flüssig-Gleichgewichten von Salz-Wasser-Systemen bei 25 °C und bei Temperaturen bis 100 °C (HARVIE und WEARE 1980; HARVIE et al. 1980, 1982, 1984; FILLIPOV und NOKHRIN 1988; FILLIPOV und CHARIKOVA 1989; FILLIPOV et al. 1989a, 1989b). Die erzielte Übereinstimmung mit den Experimenten ist dabei oft nicht schlechter als die Unsicherheit der Experimente selbst. Dies gilt insbesondere dann, wenn die Sättigungsmolalitäten nicht zu hoch sind (< 6 molal). In jüngster Zeit wird die Anwendung der PITZER-Gleichung zur Berechnung der fest-flüssig-Gleichgewichte auf den Bereich erhöhter Temperaturen ausgedehnt (PABALAN und PITZER 1987; MOLLER 1988). Allgemein hat die PITZER-Gleichung den Vorteil, daß nur eine relativ geringe Anzahl von adjustierbaren Parametern erforderlich ist, daß eine Vorausberechnung höherer Systeme möglich ist (alle erforderlichen Parameter sind aus den Angaben zu den binären und ternären Systemen zugänglich) und daß sie auch bei recht hohen Ionenstärken (teilweise über 20 molal) noch brauchbare Ergebnisse liefert.

Für die Temperaturabhängigkeit der PITZER-Parameter gibt es bisher kein Modell. In der Regel werden dafür rein empirische Beziehungen eingeführt.

Allen bisher behandelten halbempirischen Ansätzen ist gemeinsam, daß es sich um Erweiterungen des Grenzgesetzes für die unendlich verdünnte Lösung handelt. Damit ergeben sich zwangsläufig Konzentrationsgrenzen für die Anwendbarkeit der Modelle. Sie sind von vornherein nicht so angelegt, daß die Eigenschaften über den gesamten Konzentrationsbereich Wasser-Salz beschrieben werden können.

Die Konzentrationsgrenzen der Anwendbarkeit sind dabei nicht genau fixierbar. Durch die adjustierbaren Parameter wird eine gewisse Flexibilität der Gleichungen erreicht. Treten jedoch verstärkt spezifische Wechselwirkungen auf, so versagt auch das PITZER-Modell bei niedrigen Ionenstärken. Ein typisches Beispiel dafür ist das System $ZnCl_2$-H_2O (RARD und MILLER 1989). Zusätzliche Parameter, die die Wechselwirkung mit weiteren Spezies (Assoziate, neutrale Teilchen, etc.) beschreiben, müssen dann ins Modell eingeführt werden (PITZER 1979). Die Zahl der adjustierbaren Parameter steigt dadurch jedoch sprunghaft an.

3.2.3. Nichtelektrolytansätze und Kombinationen mit Elektrolytansätzen

Für die Zusammensetzungsabhängigkeit der Wasseraktivität wurde für einige Salz-Wasser-Systeme von PITZER (1980) ein ähnlicher Verlauf wie bei Nichtelektrolyten festgestellt. Davon ausgehend fanden Nichtelektrolytansätze, insbesondere die VAN LAAR'sche Gleichung (VAN LAAR 1910) zur Beschreibung der Wasseraktivität von binären und pseudobinären Salz-Wasser-Systemen, speziell Nitrat-Systemen, erfolgreiche Anwendung (PITZER 1980; SIMONSON 1983; BARRY et al. 1988). Bei stark hydratisierenden Salzen, wie z. B. LiCl oder $MgCl_2$ versagt diese Gleichung jedoch (SIMONSON, 1983).

Von PITZER und SIMONSON erfolgte unlängst eine Erweiterung dieses Ansatzes auf Multikomponent-Systeme (PITZER und SIMONSON 1986). Die Exzess-GIBBS-Energie einer Salz-Wasser-Mischung setzt sich, entsprechend dieses Ansatzes, additiv aus einem Term für die kurzreichenden Wechselwirkungen G^S (shortrange-force) und einem DH-Term G^{DH} zusammen.

$$G^E = G^S + G^{DH} \tag{3.21}$$

Für den Term G^S/RT wird die WOHL'sche Gleichung (Erweiterung der MARGULES'schen Gleichung; siehe HALA 1960, S. 30ff.) eine Virialgleichung, die breite Anwendung in Nichtelektrolyt-Systemen findet, eingeführt und für in Ionen dissoziierte Elektrolyte angepaßt. Im System $LiNO_3$-KNO_3-H_2O wurde mit diesem Ansatz erfolgreich die Wasseraktivität im Temperaturbereich $373 < T < 436$ K im gesamten zur Verfügung stehenden Konzentrationsbereich beschrieben (SIMONSON und PITZER 1986).

Auch in verschiedenen Salz-Wasser-Systemen mit Hydroxiden und Acetaten (Benzoaten) des Natriums und Kaliums gelang die erfolgreiche Anwendung dieses Modellansatzes zur Beschreibung der Wasseraktivität über einen sehr großen Konzentrationsbereich (WERES und TSAD 1986). Für Systeme mit stark hydratisierenden Salzen ist kein Anwendungsbeispiel bekannt. Auch wurde dieses Modell bisher nicht zur Berechnung von fest-flüssig-Gleichgewichten genutzt.

3.2.4. Modifizierte BET-Gleichung

Von STOKES und ROBINSON (1948) wurde eine Gleichung zur Beschreibung der Wasseraktivität in hochkonzentrierten binären Salz-Wasser-Systemen abgeleitet.

$$\frac{a_W^*(1-x_W)}{x_W^*(1-a_W)} = \frac{1}{c^*r}\frac{(c-1)}{(c^*r)} \tag{3.22}$$

(a_W – Wasseraktivität, x_W– Molenbruch des Wassers, c und r – adjustierbare Parameter)

In Analogie zur allgemein bekannten Gleichung für die Adsorption von Gasen auf Feststoffoberflächen von BRUNAUER-EMMET-TELLER (BRUNAUER 1938) wird hierbei die Adsorption von Wasser an einem „Salzmolekül" in der flüssigen Phase betrachtet. Den Parametern r und c wird eine physikalische Bedeutung zugeordnet, r ist die Hydratationszahl und c ein Energieparameter für die Hydratation. Bei Wasseraktivitäten kleiner etwa 0.5 werden die experimentellen Daten einer ganzen Reihe von verschiedenen Salz-Wasser-Systemen mit hoher Genauigkeit mit dieser 2-Parameter-Gleichung wiedergegeben (BRAUNSTEIN 1971; SANGSTER et al. 1978, 1979, 1982; ABRAHAM et al. 1979, 1980). Damit ergibt sich im Gegensatz zu den vorher beschriebenen Modellen eine untere Konzentrationsgrenze für die Anwendbarkeit dieses Modells.

Ein analoger Ausdruck wurde von ABRAHAM (1981) auch für die Salzaktivität abgeleitet

$$\frac{\lambda^*(1-x_S)}{x_S^*(1-\lambda)} = \frac{r}{c}\frac{r^*(c-1)}{c} \tag{3.23}$$

mit

$$\lambda = a_S{}^{1/r} \tag{3.24}$$

(a_S – Salzaktivität, x_S– Salzmolenbruch, r und c – adjustierbare Parameter)
Die Parameter r und c sind mit denen in Gleichung (3.22) identisch. Gleichung (3.23) wurde unseres Wissens bisher jedoch nie angewendet bzw. auf ihre Anwendbarkeit hin überprüft. Beide Gleichungen gelten nur für binäre Salz-Wasser-Systeme. Eine Erweiterung auf höhere Systeme gestaltet sich schwierig, da kein Ausdruck für die Exzess-GIBBS-Energie bekannt ist. Eine Anwendung dieses Modells ist daher zur Beschreibung bzw. Vorhersage von fest-flüssig-Gleichgewichten nicht möglich (obwohl dies aus Gründen des Konzentrationsbereiches der Anwendbarkeit sehr nützlich und interessant wäre), da für binäre Systeme bei konstanter

Temperatur nur ein Wert für die Sättigungsaktivität eines Salzes aus dem fest-flüssig Gleichgewicht abgeleitet werden kann und für höhere Systeme kein Modell zur Verfügung steht. Auch die Einführung einer Zusammensetzungsabhängigkeit der Parameter r und c bringt keine Lösung dieses Problems für höhere Systeme, solange kein Ausdruck für die Exzess-GIBBS-Energie abgeleitet wird.

3.2.5 Andere Konzepte

Ein gemeinsames Problem der meisten bisher behandelten Modelle zur Beschreibung der thermodynamischen Eigenschaften von Multikomponent-Salz-Wasser-Systemen ist der Umstand, daß zuverlässige Vorhersagen nur dann möglich sind, wenn die Eigenschaften aller Randsysteme bis zur Konzentration (Ionenstärke) des Multikomponenten-Systems bekannt sind. Von besonderem Nachteil ist dies dann, wenn im Multikomponenten-System neben leichtlöslichen Salzen auch schwerlösliche Verbindungen enthalten sind, was bei den in der Praxis vorkommenden Systemen (insbesondere bei reziproken Systemen) sehr oft der Fall ist.

Möglicherweise kann dieses Problem durch Modelle überwunden werden, die die verschiedenen Wechselwirkungen in einem Multikomponenten-System direkt berücksichtigen. Denkbar sind z. B. Quasigitter- oder quasichemische (Reaktions-)Modelle. Vorschläge zur Anwendung der Quasigitter-Modelle wurden z. B. von BRAUNSTEIN (1967) und von SACCHETTO und KODEJS (1982), in jüngster Zeit auch von VOIGT (1986) unterbreitet.

Ausgehend von einem einfachen Quasigitter-Modell wurden für wäßrige reziproke Salz-Systeme Beziehungen sowohl für die Salzaktivitätskoeffizienten als auch für die Änderung des osmotischen Koeffizienten beim Mischen der reinen binären Salzlösungen eines reziproken Salzpaares abgeleitet (GRJOTHEIM und VOIGT 1986; VOIGT 1986). Hiernach ist der Aktivitätskoeffizient proportional zur GIBBS-Energie ΔG^0_{ex} der Austauschreaktion

$$AX + BY \leftrightarrow AY + BX$$

und zur Differenz von Hydratationsparametern (z. B. der Standard-GIBBS-Lösungsenergien). Für die Änderung der osmotischen Koeffizienten $\Delta\phi$ beim Mischen der reinen binären Salzlösungen eines reziproken Salzpaares heben sich die Hydratationsparameter gerade auf, so daß ΔG^0_{ex} der einzige Parameter ist, der $\Delta\phi$ bestimmt. Folgende Gleichung wurde abgeleitet:

$$\Delta\phi = Y_{AX} * (1 - Y_{AX}) * \Delta G^{\circ}_{ex}/RT \qquad (3.25)$$

(Y_{Ax} – Ionenstärkebruch der Komponente AX)

Entsprechend dem Ausgangspunkt der Überlegungen ist der Gültigkeitsbereich des Modells vor allem im Bereich hoher Salzkonzentrationen zu erwarten.

Überprüft wurde diese Modellgleichung für eine ganze Reihe wäßriger reziproker Salz-Systeme bestehend aus I-I-Elektrolyten (alle reziproken Systeme, die sich aus den Chloriden, Bromiden und Nitraten des Lithiums, Natriums, Kaliums und Caesiums bilden lassen) (FANGHÄNEL 1990; FANGHÄNEL et al. 1992). Zumindest qualitativ stimmt die Vorhersage mit den Experimenten in vielen Fällen, vor allem bei den einfachen Chlorid-Bromid-Systemen überein. Eine einfache Korrelation zwischen $\Delta\phi$ und ΔG^0_{ex} konnte jedoch nicht gefunden werden.

Auch sind Versuche zur Beschreibung thermodynamischer Eigenschaften – insbesondere der Wasseraktivität – von Salz-Wasser-Systemen mit Reaktionsmodellen (Reaktionsketten) unternommen worden (z. B. STOKES und ROBINSON 1973; GOLDBERG 1984; SCHÖNERT 1986, 1988; BRENDLER 1989). Dabei wird ein System von Reaktionen – z. B. zur stufenweisen Hydratation – formuliert. Die zugehörigen Gleichgewichtskonstanten werden aus geeigneten experimentellen Daten ermittelt. Solche numerisch recht aufwendigen Ansätze haben den Vorteil, daß gezielt Vorstellungen und Kenntnisse über Koordinationstendenzen (Bildung definierter Spezies – Ionenpaare, Komplexe, etc.) in das Modell eingebracht werden können (Formulierung der Reaktionen).

Beide Modelle könnten insbesondere auch zur Abschätzung der Eigenschaften von Salz-Wasser-Systemen unter extremen Bedingungen Bedeutung erlangen, d. h. in Temperatur- und Konzentrationsbereichen, für die Experimente nicht oder nur mit extrem großem Aufwand durchgeführt werden können.

3.3. Löslichkeitskonstanten der festen Phasen

Sind die chemischen Standardpotentiale der Komponenten sowohl im flüssigen (wäßrigen) als auch im festen Zustand bei gegebener Temperatur und gegebenem Druck bekannt, ergibt sich die Löslichkeitskonstante entsprechend Gleichung (3.3) aus derDifferenz der chemischen Standardpotentiale der entsprechenden Komponenten in der festen und der flüssigen (wäßrigen) Phase. Ist das betrachtete Druckintervall klein, kann die Druckabhängigkeit vernachlässigt werden und $\ln K_L$ ist nur noch von der Temperatur abhängig.

Die chemischen Standardpotentiale der festen Phasen und der Komponenten der flüssigen Phase lassen sich aus Gleichgewichtsexperimenten ermitteln und mit der Temperaturfunktion der Standardwärmekapazitäten auf die gewünschte Temperatur umrechnen (Gleichung 3.4). Für feste Phasen kann auf das Gleichgewichtsexperiment verzichtet werden, wenn die C_p-Funktion beginnend von nahe 0 K bis zur Temperatur T bekannt ist.

3.3.1. Chemische Standardpotentiale der Komponenten der flüssigen Phase

Die Standarddaten von $H_2O_{(l)}$ sind in einem weiten Temperaturbereich bekannt (HAAR et al. 1984). Auch sind Angaben über die chemischen Potentiale einer ganzen Reihe von Ionen insbesondere bei 25 °C, aber auch bei höheren Temperaturen verfügbar (ROBIE et al. 1978).

3.3.2. Chemische Potentiale der festen Phasen

Für einfache Salze (wie z. B. Alkalimetall- oder Erdalkalimetallchloride) sind die Standarddaten in der Regel über einen breiten Temperaturbereich (meist bis zum Schmelzpunkt) bekannt und in Datensammlungen zusammengestellt (BARIN et al. 1977; CHASE et al. 1985). Problematischer ist die Situation bei Verbindungen, wie Salzhydraten, Doppelsalzen und deren Hydrate. Neben empirischen Korrelationen bieten sich vor allem die Gleichgewichte zwischen den einzelnen Phasen (fest, flüssig und gasförmig) zur Ermittlung der chemischen Standardpotentiale an.

Fest-flüssig-Gleichgewichte

Aus den Angaben zu den fest-flüssig-Gleichgewichten binärer oder auch ternärer Systeme werden auf dem umgekehrten Weg unter Nutzung der Sättigungsaktivitäten die Löslichkeitsprodukte und daraus mit Hilfe der chemischen Potentiale der Spezies der flüssigen Phasen das chemische Potential der festen Phase berechnet.

Fest-Gas-Gleichgewichte

Ist der Dissoziationsdruck p eines Salzhydrates entsprechend folgendem Gleichgewicht

$$MX{*}nH_2O_{(s)} \leftrightarrow MX{*}mH_2O_{(s)} + (n - m)H_2O_{(g)}$$

$(n > 0;\ m > 0;\ n > m)$
bekannt, so ergibt sich das chemische Potential des Salzhydrates $MX{*}nH_2O$ aus Gleichung (3.26).

$$\mu^\circ(MX{*}nH_2O)_{(s)} = (n - m)(RT\ln p + \mu^\circ(H_2O)_{(g)}) + \mu^\circ(MX{*}mH_2O)_{(g)} \qquad (3.26)$$

Analoge Gleichgewichte lassen sich für Doppelsalze formulieren. Für einige Salzhydrate, wie z. B. für die $MgCl_2$- und $CaCl_2$-Hydrate sind solche fest-gas-Gleichgewichte untersucht worden (CARLING 1981).

Fest-fest-Gleichgewichte

Gleichgewichte zwischen festen Salzen zur Bildung von wasserfreien Doppelsalzen sind meist erst bei höheren Temperaturen reversibel.

$$MX_{(s)} + bNX_{(s)} \leftrightarrow MN_bX_{b+1(s)}$$

Ausführlich sind solche Gleichgewichte in Halogenid-Systemen auf der Basis von EMK-Messungen von SEIFERT (z. B. SEIFERT und THIEL 1982, 1984; SEIFERT und UEBACH 1985; SEIFERT et al. 1985, SEIFERT 1987; SEIFERT und PAUL 1988) untersucht worden. Für diese Systeme wurden Temperaturfunktionen für die GIBBS-Energien der entsprechenden Reaktionen ermittelt.

Empirische Korrelationen

Viele Salzhydrate zeigen eine lineare Abhängigkeit der Standardgrößen (C_p, S°) von der Anzahl der Hydratwassermoleküle (GUION et al. 1983). So lassen sich z. B. die Wärmekapazitäten und die Entropien der $MgCl_2$- und $MgSO_4$-Hydrate sehr gut durch lineare Funktionen darstellen (Abb. 3.2).

DE KOCK (1982, 1986) beschreibt eine Möglichkeit, die Standarddaten von Metallsulfat-Hydraten empirisch zu berechnen. Die Wärmekapazität des Salz-Hydrates bei 298,15 K wird durch die Addition von 9,3 cal/(mol K) pro Hydratwassermolekül zur Wärmekapazität des wasserfreien Salzes bei 298,15 K berechnet. Analog wird bei der Entropie verfahren (Addition von 9,5 cal/(mol K) pro Wassermolekül zur Entropie des wasserfreien Salzes). Wärmekapazitäten der Salzhydrate bei Temperaturen größer 298,15 K ergeben sich entweder durch die Extrapolation der gefitteten C_p-Werte bei niedrigen Temperaturen mittels quadratischer Gleichung für die Temperaturabhängigkeit ($C_p = a + b{*}T + c{*}T^2$) oder, wenn keine Angaben

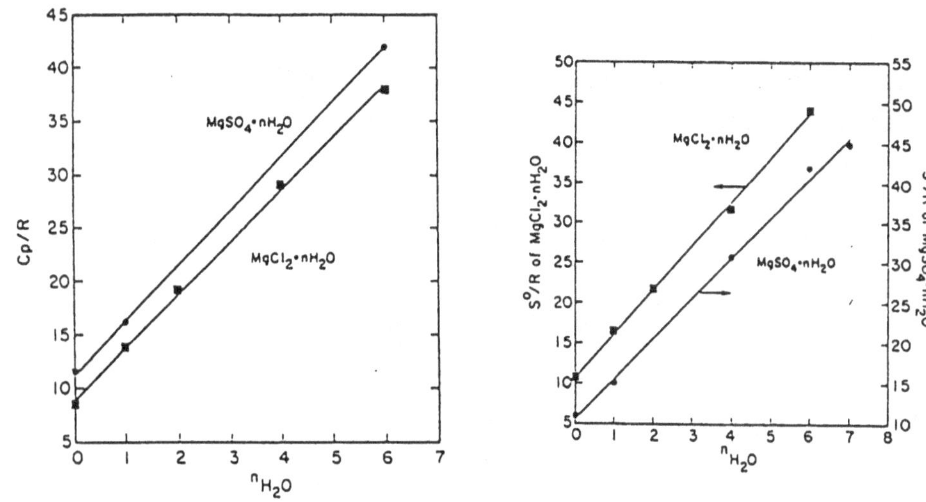

Abb. 3.2 Abhängigkeit der Wärmekapazität und der Entropie der $MgCl_2$-Hydrate von der Anzahl der Hydratwassermoleküle. (Die Abbildung wurde PABALAN und PITZER 1987 entnommen)

bei niedrigen Temperaturen verfügbar sind, durch Berechnung mit folgender empirischen Beziehung:

$$C_p(T) = C_{p(298,15)} + b^*(T - 298,15) \tag{3.27}$$

Der Koeffizient b ist von der Zahl der Wassermoleküle im Salzhydrat abhängig. Entsprechende Werte für die b-Koeffizienten enthält Tabelle 3.1.

Tabelle 3.1

b-Koeffizienten zur Berechnung der Wärmekapazitäten von Metallsulfat-Hydraten bei Temperaturen oberhalb 298,15 K entsprechend Gleichung (3.27). (Die Zahlenwerte wurden DE KOCK 1986 entnommen.)

Anzahl der H_2O-Moleküle	n	1	2	3	4	5	6	7
	b	0,09	0,10	0,132	0,144	0,180	0,216	0,252

Einfache lineare Korrelationen für die Bildungsenthalpien homologer Verbindungen wurden von HISHAM und BENSON (1987a, 1987b, 1988) für eine Vielzahl anorganischer Salze aufgestellt.

$$[\Delta H_f^\circ(MX_n) - \Delta H_f^\circ(MY_n)] = a\,[\Delta H_f^\circ(MZ_n) - \Delta H_f^\circ(MY_n)] + b \tag{3.28}$$

Sowohl für Sauerstoff-enthaltende Verbindungen, wie Oxide, Sulfate und Carbonate, als auch für Halogenide werden mit dieser einfachen empirischen Beziehung die experimentell ermittelten Bildungsenthalpien bei 25 °C mit guter Genauigkeit beschrieben.

4. Literaturübersicht zu den fest-flüssig-Gleichgewichten der Systeme der ozeanischen Salze bei Temperaturen oberhalb 100 °C

4.1. Binäre Systeme

NaCl-H_2O und KCl-H_2O

Beide Systeme wurden in der Vergangenheit sehr ausführlich untersucht. Das gilt auch für Temperaturen oberhalb 100 °C. Wiederholt sind Löslichkeitsdaten zusammengestellt und miteinander verglichen worden (z. B. BENRATH et al. 1937; POTTER et al. 1977; DITTRICH 1984; LINKE und SEIDEL 1965). Als stabile feste Phasen erscheinen in beiden Systemen bei Temperaturen oberhalb 100 °C nur die einfachen Salze NaCl bzw. KCl. In beiden Systemen ist der Temperaturkoeffizient der Löslichkeit positiv. Zu den thermodynamischen Daten sind Kompilationen von PITZER et al. (1984) für $NaCl_{(aq)}$ und HOLMES und MESMER (1983) für $KCl_{(aq)}$ für Temperaturen bis 300 bzw. 250 °C aufgestellt worden. Die damit berechneten Löslichkeiten zeigen gute bis sehr gute Übereinstimmung mit den Experimenten (PABALAN und PITZER 1987). Die maximalen Abweichungen liegen beim System NaCl-H_2O bei etwa 1,5 % (225 °C) und beim System KCl-H_2O bei etwa 6,5 % (250 °C).

Die unlängst aufgestellten Zustandsgleichungen für beide Systeme (HOVEY et al. 1990) gestatten die Berechnung der Phasengleichgewichte bis etwa 500 °C.

$MgCl_2$-H_2O

Das System wurde ausführlich von DIETZEL und SEROWY (1959) im Temperaturbereich bis etwa 200 °C untersucht. In dieser Arbeit sind auch ältere Angaben zusammengestellt und diskutiert. URUSOVA und VALYASHKO (1983) publizierten die Zusammensetzungen der gesättigten flüssigen Phase bei 300 und 350 °C, jedoch – methodisch bedingt – ohne Angaben über die stabilen festen Phasen. Bei diesen Temperaturen muß allerdings verstärkt die Hydrolyse berücksichtigt werden, so daß die Bezeichnung „binäres System" eigentlich nicht mehr gerechtfertigt ist.

Im Temperaturbereich oberhalb 100 °C sind die Hydrate $MgCl_2$*6H_2O, $MgCl_2$*4H_2O und $MgCl_2$*2H_2O im Gleichgewicht mit der flüssigen Phase stabil. Das Hexa- und das Tetrahydrat schmelzen inkongruent bei 117,3 bzw. 181 °C.

Durch Dehydratation höherer Hydrate wurde das $MgCl_2$*H_2O präpariert und die Bildungswärme experimentell bestimmt (SHOMATE und HUFFMAN 1943). Die Gleichgewichte mit der flüssigen Phase sind für beide Hydrate – $MgCl_2$*2H_2O und $MgCl_2$*H_2O – bisher nicht untersucht worden.

Thermodynamische Daten von $MgCl_{2(aq)}$ wurden von VALYASHKO et al. (1988) zusammengefaßt und mit dem Ion-Wechselwirkungsmodell in einem breiten Konzentrations- und Temperaturbereich gefittet. Die fest-flüssig-Gleichgewichte im System $MgCl_2$-H_2O sind mit diesem Parametersatz bisher nicht berechnet worden.

PABALAN und PITZER (1987) modifizierten die von DE LIMA und PITZER (1983) publizierten Temperaturfunktionen der Pitzer-Parameter (basierend auf den Daten von RARD und MILLER 1981), indem sie den Parameter $C^{\phi}_{MgCl_2}$ für den Temperaturbereich oberhalb 100 °C an die Daten für die fest-flüssig-Gleichgewichte (LINKE und SEIDELL 1965) anpaßten.

Na_2SO_4-H_2O und K_2SO_4-H_2O

Beide Systeme wurden bis in die Nähe der kritischen Temperatur untersucht. Auf Grund der sehr geringen Löslichkeit bei hohen Temperaturen unterscheiden sich die kritischen Temperaturen nicht wesentlich von der des reinen Wassers. Oberhalb 100 °C sind nur die einfachen wasserfreien Salze stabil. Im System Na_2SO_4-H_2O wurden bei erhöhten Temperaturen mehrere Phasenumwandlungen (Modifikationswechsel) beobachtet. Neben einer monoklinen existieren zwei rhombische und eine hexagonale Modifikation. Die rhombische Modifikation des K_2SO_4 wandelt sich bei 587 °C in die hexagonale um. Die experimentell ermittelten Löslichkeitsdaten sind in Datensammlungen zusammengefaßt (LINKE und SEIDEL 1965; KIRGINTSEV 1972). Bei hohen Temperaturen (oberhalb 250 °C) nimmt die Löslichkeit stark ab, d. h. beide Systeme haben einen negativen Temperaturkoeffizienten der Löslichkeit

Für beide Systeme wurden osmotische Koeffizienten im Temperaturbereich bis 225 °C und bis zur Sättigung von HOLMES und MESSMER (1986) bestimmt. Basierend auf den von diesen Autoren publizierten Parametern für das Ion-Wechselwirkungsmodell berechneten PABALAN und PITZER (1987) die fest-flüssig-Phasendiagramme. Eine befriedigende Übereinstimmung mit den experimentellen Daten wurde bei Temperaturen unterhalb 200 °C (Abweichungen $< 8\,\%$) erreicht.

$MgSO_4$-H_2O

Der Bereich erhöhter Temperaturen (bis 240 °C) wurde ausführlich von ROBSON (1927) untersucht. Die stabile feste Phase ist Kieserit ($MgSO_4$*H_2O), der im gesamten Stabilitätsbereich einen negativen Temperaturkoeffizienten der Löslichkeit ausweist. Von MARSHALL und SLUSHER (1965) wurde das entsprechende ternäre System MgO-SO_3-H_2O bei Temperaturen von 200 bis 350 °C besonders auch hinsichtlich der hydrolytischen Instabilität von Magnesiumsulfat untersucht. Vor allem bei den höheren Temperaturen beobachteten die Autoren, auch bei molaren MgO/SO_3-Verhältnissen der flüssigen Phase von eins, die Bildung basischer Verbindungen, wie z. B. $MgSO_4$*5MgO*8H_2O.

Widersprüchliche Angaben sind in der Literatur bezüglich der Stabilität bzw. der Bildungskinetik von Kieserit zu finden.

Zusammengefaßt sind die Angaben zu den Löslichkeitsdaten in der Datensammlung von LINKE und SEIDEL (1965).

Für $MgSO_{4(aq)}$ wurden von PHUTELA und PITZER (1986) die thermodynamischen Daten (Wärmekapazitäten, Enthalpien und osmotische Koeffizienten) im Temperaturbereich bis 200 °C kompiliert. Die aus den publizierten Temperaturfunktionen der PITZER-Parameter berechneten fest-flüssig-Gleichgewichte stimmen sehr gut mit den experimentellen Daten überein (PABALAN und PITZER 1987).

4.2. Ternäre Systeme

Thermodynamische Daten zu den ternären und höheren Systemen sind für den Hochtemperaturbereich und in den für fest-flüssig-Gleichgewichte relevanten Konzentrationsbereichen nur in Ausnahmefällen verfügbar. Mischungsparameter für die Modellierung dieser Systeme werden dadurch in der Regel aus den experimentell ermittelten Angaben zu den fest-flüssig-Gleichgewichten abgeleitet.

Im folgenden werden daher nur die Angaben zu diesen Gleichgewichten im Hochtemperaturbereich überblicksmäßig beschrieben.

NaCl-KCl-H_2O

Zum System NaCl-KCl-H_2O sind in einem breiten Temperaturbereich sehr ausführliche Informationen verfügbar. Abbildung 4.1 zeigt das Phasendiagramm im Temperaturbereich bis 250 °C. Stabile feste Phasen sind NaCl und KCl.

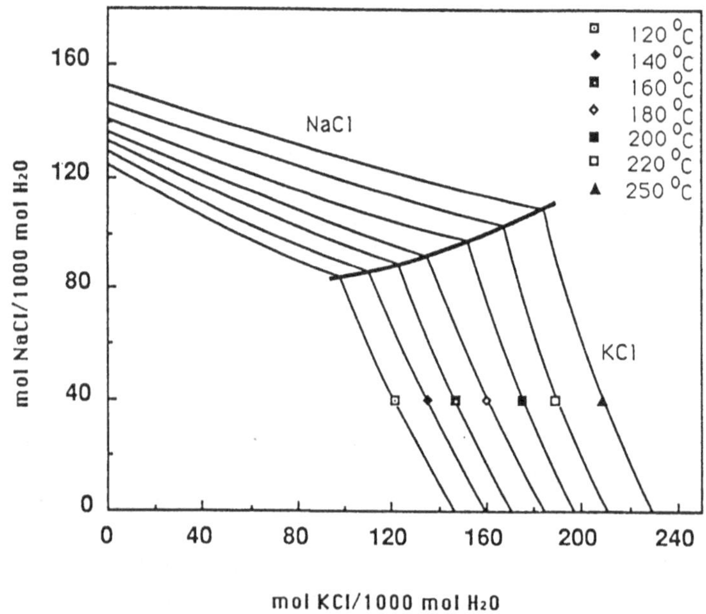

Abb. 4.1 Phasendiagramm des Systems NaCl-KCl-H_2O. (Die Isothermen basieren auf den Angaben von ACHUMOV und VASILIEV 1936)

Unter extremen Bedingungen (bis 600 °C; p bis 200 Bar) wurde das System von RAVICH und BOROVAJA (1950) untersucht.

Im wasserfreien Randsystem ist eine lückenlose Mischkristallreihe zwischen NaCl und KCl stabil. Die Entmischung im festen Zustand beginnt etwa bei Temperaturen unterhalb 500 °C. Unter 300 °C ist die Mischungslücke sehr breit, so daß nur noch eine sehr begrenzte Mischbarkeit in der Nähe der beiden Randsysteme zu verzeichnen ist (VESNIN und ZAKOVCYASHIN

1979). Im wäßrigen System wurde im Hochtemperaturbereich die Bildung von Mischkristallen bisher nicht untersucht.

$NaCl$-$MgCl_2$-H_2O

In Abbildung 4.2 ist das Phasendiagramm des Systems $NaCl$-$MgCl_2$-H_2O für den Temperaturbereich bis etwa 200 °C dargestellt. Es basiert auf einigen wenigen Bestimmungen der NaCl-Löslichkeit in $MgCl_2$-Lösungen von D'Ans und Sypiena (1942). Ältere Angaben wurden in dieses Phasendiagramm eingearbeitet oder stehen im Widerspruch dazu, wie z. B. die Angaben von Achumov und Vasiliev (1936).

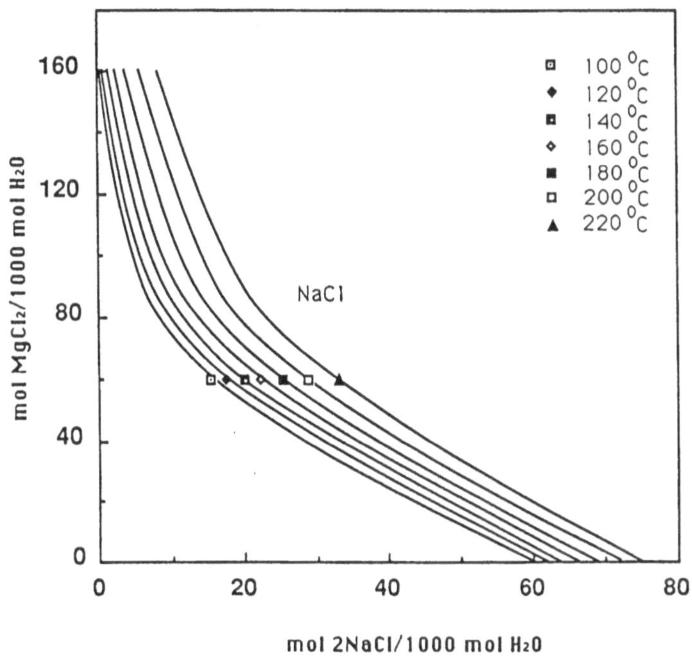

Abb. 4.2 Phasendiagramm des Systems $NaCl$-$MgCl_2$-H_2O nach D'Ans und Sypiena

Es bilden sich in diesem System keine Doppelsalze, d. h. im ternären System sind nur die festen Phasen der wäßrigen binären Randsysteme ($NaCl$, $MgCl_2*6H_2O$, $MgCl_2*4H_2O$, $MgCl_2*2H_2O$) stabil.

KCl-$MgCl_2$-H_2O

Das von D'Ans und Sypiena (1942) publizierte Phasendiagramm (Abb. 4.3) wurde bisher im Bereich hoher Temperaturen als das gültige angesehen. Experimentelle Untersuchungen liegen jedoch nur für den Bereich der KCl-Sättigung vor. Das Phasendiagramm wird wesentlich durch die Existenz des Doppelsalzes Carnallit ($KCl*MgCl_2*6H_2O$) geprägt. Darüberhinaus sind nur die festen Phasen der beiden wäßrigen Randsysteme stabil. Zur Stabilität weiterer Doppelsalze gibt es in der Literatur keine Hinweise.

Sehr große Differenzen (mehr als 100 %) existieren zwischen den Angaben verschiedener

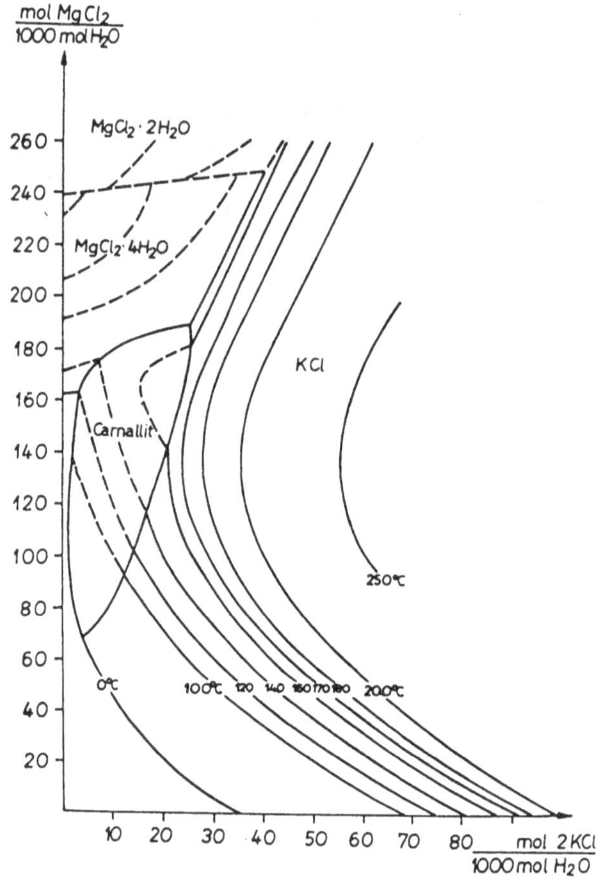

Abb. 4.3 Phasendiagramm des Systems KCl-$MgCl_2$-H_2O nach D'ANS und SYPIENA

Autoren (D'ANS und SYPIENA 1942; ACHUMOV und VASILIEV 1936; V'ANT HOFF und MEYERHOFFER 1899) zu den Zweisalzlinien im Bereich hoher Magnesiumchlorid-Konzentrationen (Begrenzungslinien des Carnallitfeldes). Neuere Untersuchungen wurden lediglich zur 110 °C-Isotherme publiziert (MAJIMA et al. 1983).

K_2SO_4-Na_2SO_4-H_2O

Einige wenige Untersuchungen zu den fest-flüssig-Gleichgewichten dieses Systems wurden von ITKINA und KOCHOVA (1956) bei 120 und 150 °C durchgeführt. Neben den stabilen festen Phasen der beiden wäßrigen Randsysteme (Na_2SO_4 und K_2SO_4) ist das Doppelsalz $Na_2SO_4*3K_2SO_4$ (Glaserit) stabil.

K_2SO_4-$MgSO_4$-H_2O

Zum Phasendiagramm des Systems K_2SO_4-$MgSO_4$-H_2O finden sich von DANKIEWICZ und PAWLOWSKA-KOZINSKA (1981) einige Angaben bei Temperaturen oberhalb 100 °C (150–250 °C). Neben K_2SO_4 sind Kieserit ($MgSO_4*H_2O$) und das Doppelsalz Langbeinit

(K_2SO_4*2$MgSO_4$) stabil. Während bei Temperaturen bis 250 °C K_2SO_4 noch einen positiven Temperaturkoeffizienten der Löslichkeit aufweist, nimmt die Löslichkeit der $MgSO_4$-haltigen festen Phasen im gesamten Temperaturbereich mit steigender Temperatur ab.

Na_2SO_4-$MgSO_4$-H_2O

Dieses System wurde von BLASDALE und ROBSON (1923) bis zu einer Temperatur von 219 °C untersucht. Das Phasendiagramm ist in Abbildung 4.4 dargestellt.

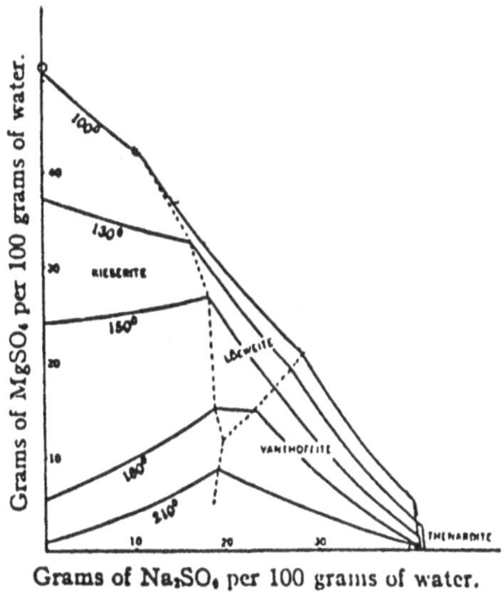

Abb. 4.4 Phasendiagramm des Systems Na_2SO_4-$MgSO_4$-H_2O (BLASDALE und ROBSON 1923)

Neben Kieserit und Na_2SO_4 (stabile feste Phasen der Randsysteme) sind bei Temperaturen oberhalb 100 °C zwei Doppelsalze, der Vanthoffit (3Na_2SO_4*$MgSO_4$) und der Loeweit (Na_2SO_4*$MgSO_4$*2.5H_2O) stabil. Die obere Stabilitätsgrenze des Loeweits liegt bei etwa 190 °C. Alle festen Phasen haben negative Temperaturkoeffizienten der Löslichkeit.

NaCl-Na_2SO_4-H_2O

Das Phasendiagramm des Systems NaCl-Na_2SO_4-H_2O ist in Abbildung 4.5 dargestellt (RAVICH 1958; SCHRÖDER et al. 1935).

Stabile feste Phasen sind NaCl und Na_2SO_4 (letzteres in mehreren Modifikationen). Während bei Temperaturen bis etwa 250 °C die Na_2SO_4-Löslichkeit mit steigendem NaCl-Gehalt abnimmt, bewirkt eine weitere Temperaturerhöhung das Gegenteil, d. h. Na_2SO_4-Isothermen schneiden sich in einem relativ engen Konzentrationsintervall.

KCl-K_2SO_4-H_2O

Bei hohen Temperaturen (300–370 °C) wurden im System KCl-K_2SO_4-H_2O von VALYASHKO (1973) einige wenige Untersuchungen zur Löslichkeit von K_2SO_4 in KCl-haltigen flüssigen

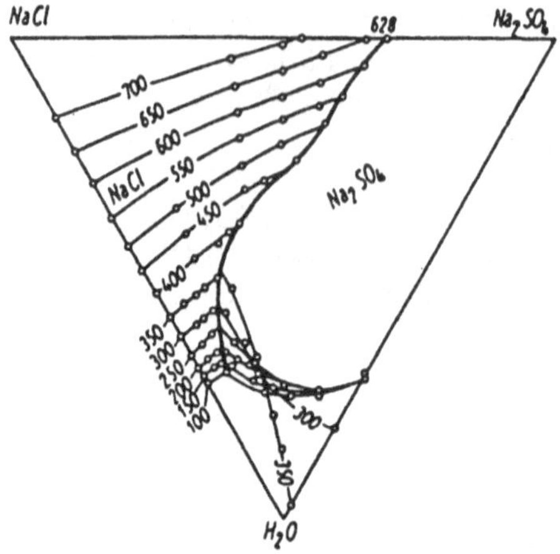

Abb. 4.5 Phasendiagramm des Systems $NaCl$-Na_2SO_4-H_2O. (Die Abbildung wurde Ravich 1958 entnommen)

Phasen vorgenommen. Darüberhinaus liegen einige Angaben von Ravich et al. (1953) für den Hochtemperaturbereich des Phasendiagramms dieses Systems vor.

Die K_2SO_4-Isothermen verhalten sich hinsichtlich der Abhängigkeit vom KCl-Gehalt und der Temperatur analog zu den Na_2SO_4-Isothermen im System $NaCl$-Na_2SO_4-H_2O, d. h. auch in diesem System schneiden sich die Isothermen der SO_4-haltigen festen Phase.

$MgCl_2$-$MgSO_4$-H_2O

Bei Temperaturen oberhalb 100 °C ist dieses System bisher kaum untersucht worden. Einzelne Daten wurden von Froelich (1929) publiziert. Zu den stabilen festen Phasen liegen keine klaren Aussagen vor. Eine Doppelsalzbildung wurde nicht in Betracht gezogen.

4.3. Quaternäre Systeme

Neben den beiden quaternären Systemen mit gemeinsamem Anion ($NaCl$-KCl-$MgCl_2$-H_2O und Na_2SO_4-K_2SO_4-$MgSO_4$-H_2O) begrenzen drei reziproke Systeme (Na^+, K^+/Cl^-, $SO_4^{2-}//H_2O$; Na^+, Mg^{2+}/Cl^-, $SO_4^{2-}//H_2O$; und K^+, Mg^{2+}/Cl^-, $SO_4{}^{2-}//H_2O$) das quinäre System der ozeanischen Salze.

Sieht man von wenigen Angaben bei Temperaturen kurz oberhalb 100 °C ab, so sind nur zum rein chloridischen quaternären System einige Informationen im Bereich erhöhter Temperaturen vorhanden. Dies betrifft insbesondere die Angaben von Achumov und Vasiliev (1935) sowie die von Timoschenko (1973) durchgeführten Messungen bei Siedetemperaturen. In beiden Arbeiten wurden die Bestimmungen generell bei Sättigung an NaCl durchgeführt.

Als einzige zusätzliche stabile Phase (neben den in den ternären Randsystemen stabilen festen Phasen) wurde bei Temperaturen unterhalb 100 °C das Tripelsalz $9Na_2SO_4*MgSO_4*NaCl$ (Dansit) im reziproken System Na^+, Mg^{2+}/Cl^-, $SO_4^{2-}//H_2O$ ermittelt (Autenrieth und Braune 1958). Mit hoher Wahrscheinlichkeit ist dieses Tripelsalz auch bei Temperaturen oberhalb 100 °C stabil.

4.4. Das quinäre System Na^+, K^+, Mg^{2+}/Cl^-, $SO_4^{2-}//H_2O$

Mit den herkömmlichen Methoden der Löslichkeitsbestimmung (z. B. der sogenannten „isothermen Rührmethode") wurden die Experimente in einigen Fällen bis 110 °C (Beck et al. 1981a, 1981b; Motoyama et al. 1971; Autenrieth 1970) vereinzelt bis 120 °C (Serowy 1923) ausgedehnt. Darüberhinaus wurden von Timoschenko und Borisova (1976) auch zum quinären System einige Messungen bei Siedetemperatur ausgeführt. Systematische Untersuchungen bei Temperaturen oberhalb 100 °C fehlen.

5. Experimentelle Untersuchungen

5.1. Begründung der Systemauswahl

Sowohl in der Natur als auch in industriellen Verfahren nehmen Lösungen der Alkalimetall- und Erdalkalimetallhalogenide und -sulfate einen beachtlichen Platz ein. Von grundlegender Bedeutung sind dabei die Systeme der ozeanischen Salze.

Wie aus den bisherigen Darlegungen hervorgeht, liegen bei hohen Temperaturen (oberhalb 100 °C) in der Literatur keine systematischen Untersuchungen zu diesen Systemen vor. Die wenigen bekannten Daten sind oft nicht konsistent (große Streuungen) oder widersprechen einander völlig. Oft wurden nur „Löslichkeitsuntersuchungen" durchgeführt, d. h. den stabilen und metastabilen festen Phasen sowie deren Umwandlungen wurde meist keine oder zu wenig Aufmerksamkeit geschenkt. Selbst bei den relativ gut bekannten 2- und 3-Komponenten-Systemen fällt auf, daß insbesondere über die $MgCl_2$ enthaltenden Systeme nur sehr wenig veröffentlicht ist, bzw. die Daten widersprüchlich sind. Die Ursachen liegen vor allem im methodischen Bereich (experimentell schwer beherrschbare Bedingungen – komplizierte Verhältnisse die festen Phasen betreffend).

Zur vollständigen Beschreibung des quinären Systems der ozeanischen Salze werden eine beachtliche Anzahl von Variablen benötigt. Neben Druck und Temperatur lassen sich noch vier Konzentrationen variieren, woraus ein sehr großer Aufwand zur vollständigen experimentellen Bestimmung resultiert. Folglich konnten sich unsere experimentellen Untersuchungen nur auf einige ausgewählte Systeme bzw. Gebiete konzentrieren.

Das System KCl-$MgCl_2$-H_2O stellt die Basis für vielfältige Überlegungen dar. Aus diesem Grund stand seine ausführliche Untersuchung im Temperaturbereich bis 250 °C im Vordergrund. Ausgewählte Bereiche des quaternären Systems $NaCl$-KCl-$MgCl_2$-H_2O, insbesondere unter dem Aspekt der Beeinflussung des Basissystems durch NaCl-Zusatz sowie Bereiche im reziproken System $Na^+, Mg^{2+}/Cl^-, SO_4^{2-}//H_2O$ und im quinären System $Na^+, K^+, Mg^{2+}/Cl^-, SO_4^{2-}//H_2O$ bei hohen $MgCl_2$-Konzentrationen und bei NaCl- und $MgSO_4$-Sättigung gehörten gleichfalls zum experimentellen Programm. Letztere Untersuchungen stehen eng mit der thermischen Entsulfatisierung von $MgCl_2$-Lösungen (Edelsole) im Zusammenhang.

Neben dem praktischen Interesse an den Angaben über die fest-flüssig-Gleichgewichte hat das System KCl-$MgCl_2$-H_2O in den letzten Jahren besondere Bedeutung als eine Art Modellsystem erlangt. Alle binären Randsysteme wurden in einem breiten Temperaturbereich untersucht. Darüberhinaus war es jetzt möglich, weitere thermodynamische Eigenschaften in diesem ternären System bei erhöhten Temperaturen zu bestimmen (z. B. Wasseraktivitäten). Das System KCl-$MgCl_2$-H_2O ist damit eines der wenigen Systeme mit stark hydratisierenden Salzen – wie $MgCl_2$ –, für das in einem relativ breiten Konzentrationsbereich (bis zu den Hydratschmelzen) Informationen vorliegen. Es besitzt damit auch grundlegende Bedeutung für die Anwendung bzw. Beurteilung von Modellgleichungen zur Beschreibung der thermodynamischen Eigenschaften von Salz-Wasser-Systemen über einen breiten Konzentrationsbereich. Die Kenntnisse zum Phasendiagramm des Systems KCl-$MgCl_2$-H_2O im Bereich erhöhter Temperaturen waren bisher jedoch unzureichend.

5.2. Experimentelles

Voraussetzung für die zuverlässige und exakte experimentelle Bestimmung der fest-flüssig-Gleichgewichte von Salz-Wasser-Systemen bei erhöhten Temperaturen war die Entwicklung einer geeigneten experimentellen Methode. Durch die experimentellen Bedingungen, unter denen die Untersuchungen durchgeführt werden sollten, werden beträchtliche Anforderungen an eine solche Apparatur gestellt. Temperaturen oberhalb 100 °C ziehen (Wasser-) Dampfdrucke > 0,1 MPa und z. T. beträchtlich hohe Salzkonzentrationen (50–80 % Salz) nach sich. Darüberhinaus wirken Salz-Wasser-Mischungen (z. B. $MgCl_2$-H_2O) unter diesen Bedingungen sehr korrosiv. Die zu erwartenden komplizierten Verhältnisse bezüglich der stabilen festen Phasen machen den Zugriff zu diesen unbedingt erforderlich, um eine Charakterisierung mit weiteren Methoden zu ermöglichen. Dies ist insbesondere dann von großer Bedeutung, wenn bisher nicht bekannte feste Phasen stabil sind,

All diese Gründe veranlaßten uns, eine Apparatur zur Bestimmung von fest-flüssig-Gleichgewichten bei Temperaturen bis 250 °C zu entwickeln, die auf dem Prinzip einer analytischen Methode basiert.

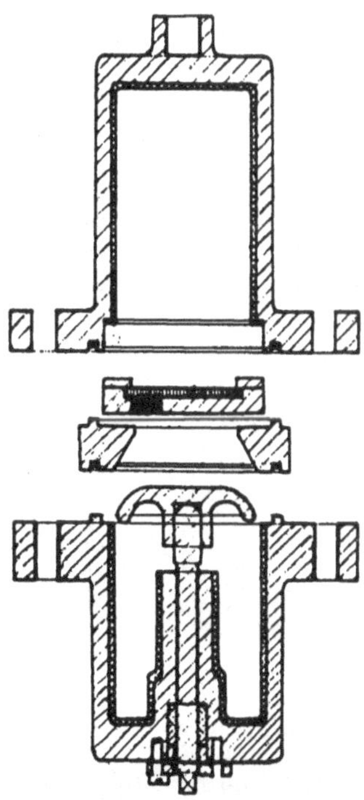

Abb. 5.1 Titanium-Palladium-Autoklaven zur Bestimmung von fest-flüssig-Gleichgewichten in Schnittdarstellung

Detaillierte Angaben zur Apparatur sind bereits früher publiziert worden (FANGHÄNEL 1984; VOIGT et al. 1985). Diese neu entwickelte Methode gestattet die universelle Bestimmung von fest-flüssig-Gleichgewichten im Temperaturbereich bis 250 °C unter hydrothermalen Bedingungen. Das Funktionsprinzip sei im folgenden kurz dargelegt.

Die Einstellung der Phasengleichgewichte erfolgt bei konstanter Temperatur in einem Metallblockthermostaten. Als Untersuchungsgefäße werden PTFE-ausgekleidete Autoklaven aus einer Titanium-Palladium-Legierung verwendet (Abb. 5.1).

Eine kontinuierliche Durchmischung des Ansatzes während der Gleichgewichtseinstellung ist durch die Rotation der Autoklaven im Metallblockthermostaten mit wechselndem Drehsinn gewährleistet (Abb. 5.2, linker Teil). Die Gleichgewichtseinstellzeiten liegen – je nach Notwendigkeit – zwischen 24 und 240 Stunden, sind aber prinzipiell nach oben nicht begrenzt. Ist der Gleichgewichtszustand erreicht, werden die Autoklaven in eine Hochtemperaturzentrifuge überführt. Dazu wird der gesamte Metallblockthermostat um die horizontale Achse um 180° gedreht und auf die Hochtemperaturzentrifuge aufgesetzt, wie im rechten Teil von Abbildung 5.2 zu erkennen ist. Der Deckel des Blockthermostaten und der der Zentrifuge

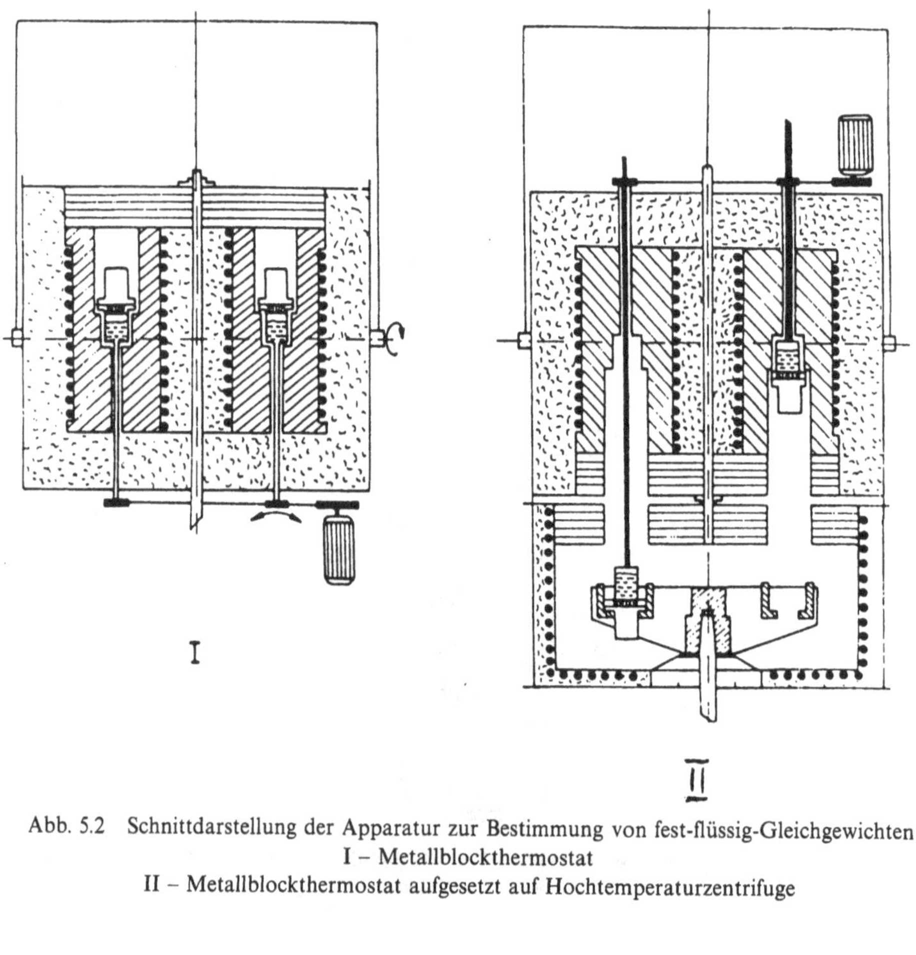

Abb. 5.2 Schnittdarstellung der Apparatur zur Bestimmung von fest-flüssig-Gleichgewichten
I – Metallblockthermostat
II – Metallblockthermostat aufgesetzt auf Hochtemperaturzentrifuge

werden über eine gemeinsame Drehachse gleichzeitig geöffnet und die Autoklaven in die ebenfalls auf Gleichgewichtstemperatur befindliche Zentrifuge abgesenkt.

Über eine in die Autoklaven eingebaute Quarzfritte erfolgt in der Zentrifuge die nahezu vollständige Abtrennung der flüssigen von der (den) festen Phase(n). Sowohl während der Überführung der Autoklaven in die Hochtemperaturzentrifuge, als auch während der Phasentrennung ist die Beibehaltung der Gleichgewichtsbedingungen (konstante Temperatur) gewährleistet, was insbesondere durch die Kontrolle der Temperatur am rotierenden Autoklaven während der Phasentrennung erreicht wird. Die Temperaturkonstanz beträgt während der Gleichgewichtseinstellung +/−0,1 K und während der Phasentrennung +/−0,25 K. Eine gasdichte Trennung der nach der Phasentrennung von einander getrennt vorliegenden flüssigen und festen Phasen wird während der Abkühlung auf Raumtemperatur durch ein in die Autoklaven eingebautes Ventil möglich. Die Zusammensetzung sowohl der flüssigen als auch der festen Phasen wird durch chemische Analyse ermittelt. Darüberhinaus werden kommerzielle Geräte zur weiteren Charakterisierung der festen Phasen eingesetzt (Thermische Analyse, Röntgenbeugung, Mikroskopie etc.).

5.3. Ergebnisse und Diskussion

5.3.1. Das System $MgCl_2$-H_2O

Das im Temperaturbereich 130–250 °C untersuchte Phasendiagramm des binären Systems $MgCl_2$-H_2O (Fanghänel et al. 1987) ist in Abbildung 5.3 dargestellt. Als feste Phasen sind in diesem Temperaturbereich $MgCl_2$*$4H_2O$ und $MgCl_2$*$2H_2O$ stabil. $MgCl_2$*$4H_2O$ schmilzt

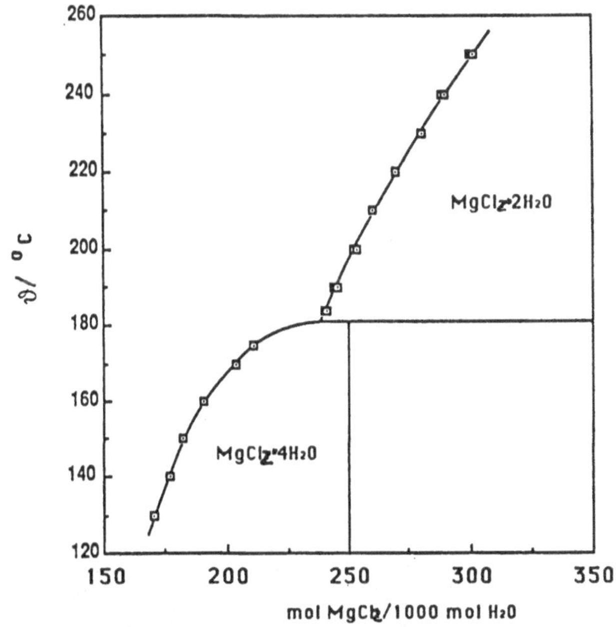

Abb. 5.3 Phasendiagramm des Systems $MgCl_2$-H_2O im Temperaturbereich 120–250 °C

bei 181 °C inkongruent unter Bildung von $MgCl_2*2H_2O$. Ältere Angaben im Bereich der $MgCl_2*4H_2O$-Sättigung (DIETZEL und SEROWY 1959) weichen nur geringfügig von unseren Ergebnissen ab.

5.3.2. Das ternäre System KCl-$MgCl_2$-H_2O

Das Phasendiagramm des Systems KCl-$MgCl_2$-H_2O wurde im Temperaturbereich 130–250 °C untersucht (FANGHÄNEL und EMONS 1988; FANGHÄNEL et al. 1989). Bei Temperaturen < 200 °C sind die experimentellen Untersuchungen vorwiegend im Bereich hoher $MgCl_2$-Konzentrationen durchgeführt worden. Im Bereich niedriger $MgCl_2$-Konzentrationen konnten die Angaben von D'ANS und SYPIENA (1942) bestätigt werden.

Isothermen bei 130, 140 und 150 °C

Alle 3 Isothermen (Abb. 5.4) sind sehr ähnlich. Beginnend beim binären Randsystem KCl-H_2O führt die Erhöhung der $MgCl_2$-Konzentration zum Absinken der KCl-Löslichkeit und schließlich zur Bildung von Carnallit. Auf der $MgCl_2$-reichen Seite des Phasendiagramms ist $MgCl_2*4H_2O$ die stabile feste Phase.

Isotherme bei 160 °C

Diese Isotherme (Abb. 5.5) ist weitaus komplizierter als die vorher diskutierten. Wiederum führt, ausgehend vom binären System KCl-H_2O, die Erhöhung der $MgCl_2$-Konzentration zum erwarteten Aussalzeffekt (Verringerung der KCl-Löslichkeit) und danach zur Bildung

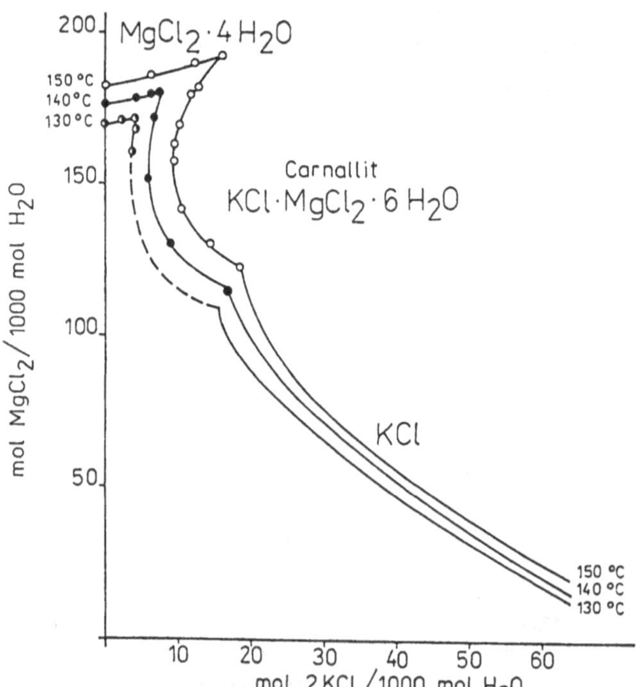

Abb. 5.4 Das System KCl-$MgCl_2$-H_2O. Isothermen bei 130, 140 und 150 °C

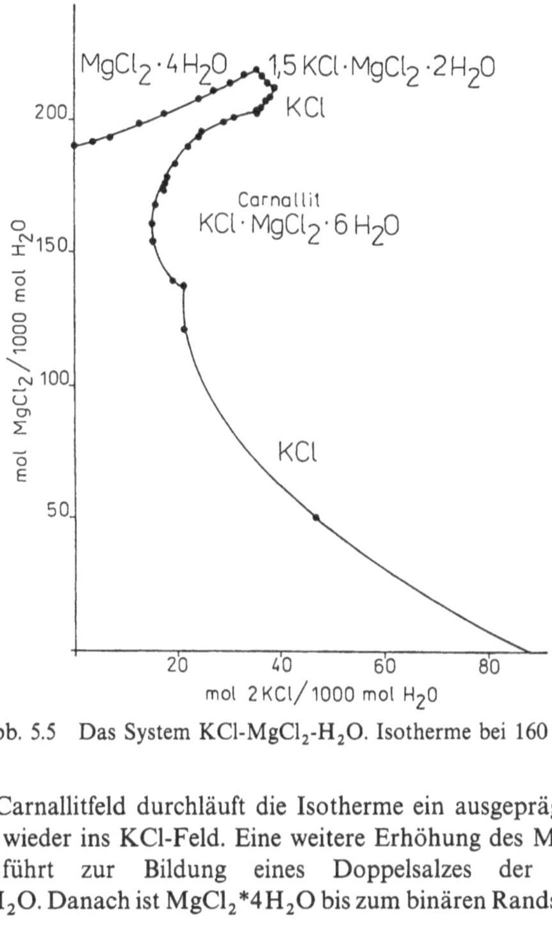

Abb. 5.5 Das System KCl-$MgCl_2$-H_2O. Isotherme bei 160 °C

von Carnallit. Im Carnallitfeld durchläuft die Isotherme ein ausgeprägtes Minimum und mündet schließlich wieder ins KCl-Feld. Eine weitere Erhöhung des $MgCl_2$-Anteils in der flüssigen Phase führt zur Bildung eines Doppelsalzes der Zusammensetzung $1.5KCl*MgCl_2*2H_2O$. Danach ist $MgCl_2*4H_2O$ bis zum binären Randsystem $MgCl_2$-H_2O stabil.

Isotherme bei 170 °C

Diese Temperatur liegt über dem inkongruenten Schmelzpunkt von Carnallit (167 °C). Aus diesem Grund mündet die KCl-Isotherme direkt ins Stabilitätsgebiet des $1.5KCl*MgCl_2*2H_2O$ (Abb. 5.6). Im Gegensatz zur 160 °C-Isotherme schließt sich nicht direkt das $MgCl_2*4H_2O$-Gebiet an. Ein weiteres Doppelsalz der Zusammensetzung $KCl*MgCl_2*2H_2O$ ist stabil. Diese Verbindung bildet Mischkristalle mit dem $MgCl_2*H_2O$. Nach dem Mischkristallgebiet folgt $MgCl_2*4H_2O$ als stabile feste Phase.

Isotherme bei 180 °C

Diese Isotherme (Abb. 5.7, s. S. 47) ähnelt sehr der bei 170 °C. Hauptunterschied ist (neben der generell höheren Löslichkeit aller festen Phasen) das breitere KCl-Kristallisationsintervall, in dem Mischkristalle stabil sind. Vom Phasendiagramm des binären Systems $MgCl_2$-H_2O ist bekannt, daß $MgCl_2*4H_2O$ bei 181 °C inkongruent schmilzt. Durch KCl-Zusatz wird dieser Umwandlungspunkt erniedrigt. Folglich muß $MgCl_2*4H_2O$ auch bei 180 °C in einem klei-

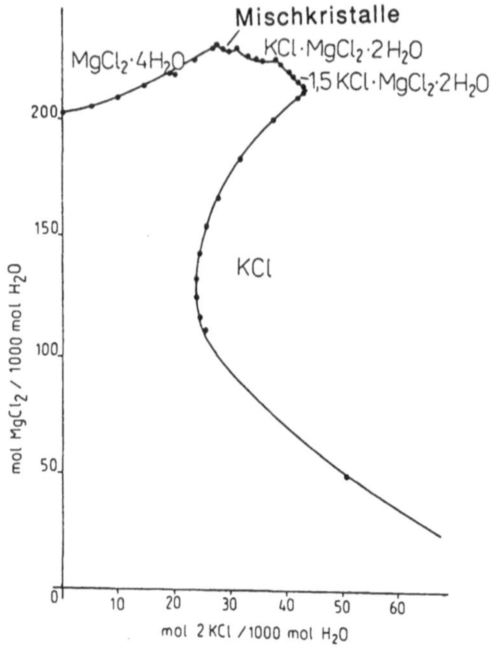

Abb. 5.6 Das System KCl-$MgCl_2$-H_2O. Isotherme bei 170 °C

nen KCl-Konzentrationsintervall beginnend vom binären Randsystem $MgCl_2$-H_2O noch stabil sein. Für dieses Intervall liegen keine experimentellen Ergebnisse vor.

Isothermen bei 200, 220 und 250 °C

Diese Isothermen (Abb. 5.8, s. S. 48) bestehen aus 3 Abschnitten,
- dem Stabilitätsbereich von KCl mit dem ausgeprägten Minimum der KCl-Löslichkeit,
- dem Bereich der $1.5KCl*MgCl_2*2H_2O$-Sättigung und
- dem Bereich, in dem Mischkristalle einer Reihe mit den Endgliedern $KCl*MgCl_2*2H_2O$ und $MgCl_2*2H_2O$ stabil sind.

Da der Schmelzbereich der Mischkristalle $KCl_x*MgCl_2*2H_2O$ mit hohen KCl-Gehalten (x – 1) bei etwa 250 °C liegt, war eine experimentelle Bestimmung der 250 °C-Isotherme in diesem Konzentrationsintervall nicht möglich.

Stabile festen Phasen

Neben den bereits allgemein bekannten festen Phasen KCl, $KCl*MgCl_2*6H_2O$ (Carnallit), $MgCl_2*4H_2O$ und $MgCl_2*2H_2O$ treten im Phasendiagramm des Systems KCl-$MgCl_2$-H_2O zwei weitere Doppelsalze mit der Zusammensetzung $KCl*MgCl_2*2H_2O$ und $1.5KCl*MgCl_2*2H_2O$ stabil auf.

In Abbildung 5.9 ist der Salzmolenbruch der flüssigen Phase $x_{(MgCl_2(l))}$ in Abhängigkeit vom Salzmolenbruch der festen Phase $x_{(MgCl_2(s))}$ für das $MgCl_2$-reiche Gebiet des Phasendiagramms bei 180, 200, 220 und 250 °C dargestellt. Die vertikalen Abschnitte der Isothermen in

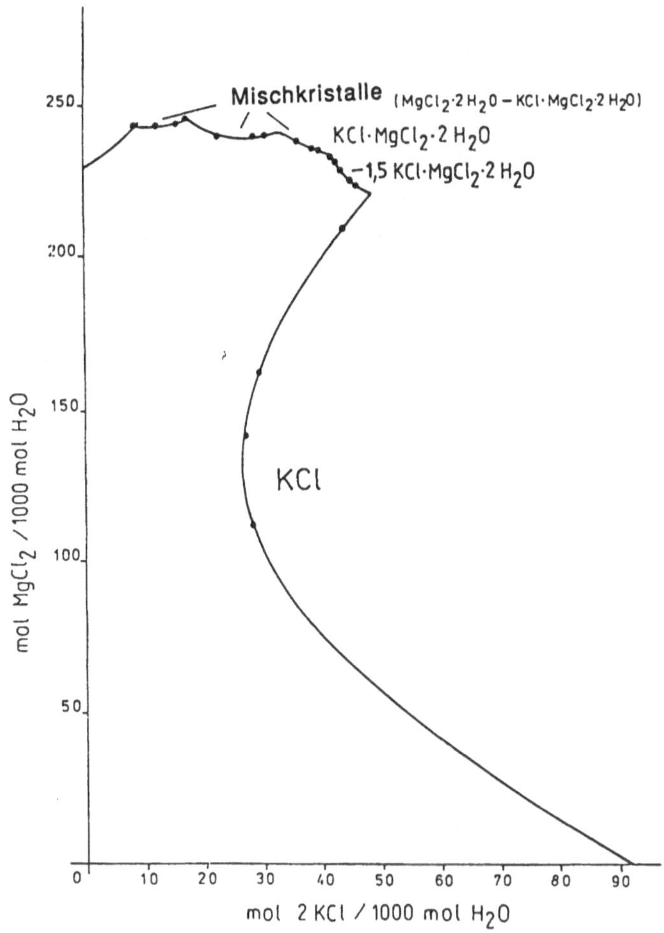

Abb. 5.7 Das System KCl-$MgCl_2$-H_2O. Isotherme bei 180 °C

Abbildung 5.9 bei $x_{(MgCl_2(s))} = 0{,}4$ und $x_{(MgCl_2(s))} = 1$ zeigen die Stabilität der Verbindungen $1.5KCl*MgCl_2*2H_2O$ und $MgCl_2*4H_2O$ an.

Die Horizontalen repräsentieren die isotherm invarianten Gleichgewichte (zwei feste Phasen und eine flüssige Phase befinden sich im Gleichgewicht), während im verbleibenden Abschnitt Mischkristalle stabil sind. $KCl*MgCl_2*2H_2O$ ($x_{(MgCl_2(s))} = 0{,}5$) und $MgCl_2*2H_2O$ ($x_{(MgCl_2(s))} = 1$) stellen somit die Endglieder einer Mischkristallreihe dar. Dieses Ergebnis ist zunächst überraschend, da nur wenige Beispiele für eine Mischkristallbildung zwischen Doppelsalzhydraten und einfachen Salzhydraten bekannt sind (DUHLEV und BALAREW 1986), während andererseits Mischkristalle von homologen Salz- bzw. Doppelsalzhydraten relativ häufig auftreten.

Im Bereich der Stabilität der Mischkristalle ($x_{(MgCl_2(s))} > 0{,}5$) weisen die Isothermen zwei wesentliche Merkmale auf:

- In unmittelbarer Nähe der Zusammensetzung von $KCl*MgCl_2*2H_2O$ ($x_{(MgCl_2(s))} = 0{,}5$) ergeben sich insbesondere bei 170 und 180 °C nahezu vertikale Abschnitte.

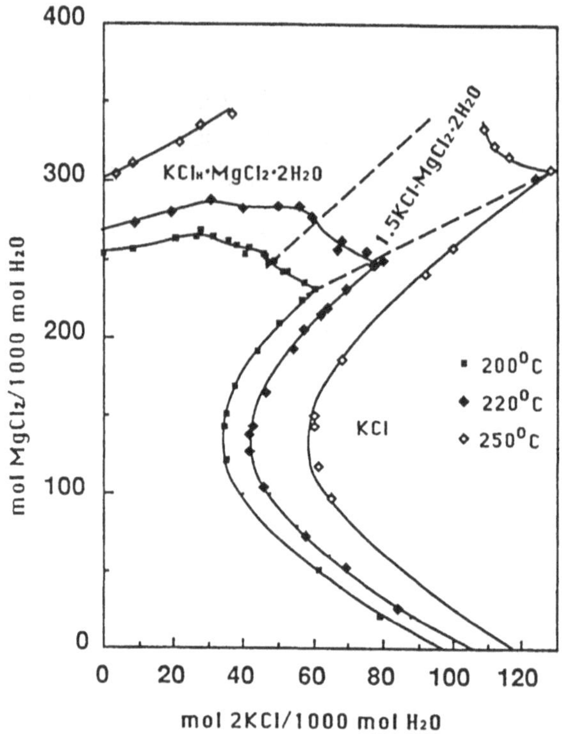

Abb. 5.8 Das System KCl-$MgCl_2$-H_2O. Isothermen bei 200, 220 und 250 °C

– Das Vorhandensein eines Wendepunktes bei $x_{(MgCl_2(s))} \sim > 0{,}7 \ldots 0{,}8$ deutet sich an. Dieser Wendepunkt zeigt die Tendenz zur Entmischung (Bildung einer Mischungslücke im festen Zustand) an.

Die nahezu vertikalen Abschnitte bei $x_{(MgCl_2(s))} = 0{,}5$ weisen auf die Stabilität des reinen Doppelsalzes KCl*$MgCl_2$*2H_2O in einem Gebiet des Phasendiagramms hin. Aus theoretischen Gründen (Phasenregel) sind diese Abschnitte nicht wirklich vertikal, da jeder Abschnitt einer solchen Isotherme in Abb. 5.7 in einer Horizontalen (isotherm invariantes Gleichgewicht) enden muß. Demzufolge kristallisiert KCl*$MgCl_2$*2H_2O als reine Phase nur im Grenzzustand. Praktisch existiert jedoch, zumindest bei 170 und 180 °C, ein Konzentrationsintervall der flüssigen Phase, in dem KCl*$MgCl_2$*2H_2O in den Grenzen der Genauigkeit als reine Verbindung kristallisiert.

Beide Merkmale finden sich auch in den Isothermen der Abbildungen 5.6 und 5.7 in Form von ausgeprägten Richtungsänderungen wieder, wobei sich bei 170 und 180 °C nahezu Knickpunkte ergeben. Bei höheren Temperaturen sind diese Eigenschaften etwas unschärfer ausgeprägt, insbesondere verkleinert sich das Konzentrationsintervall, in dem KCl*$MgCl_2$*2H_2O quasi rein kristallisiert.

1.5KCl*$MgCl_2$*2H_2O

Die vollständige Bildung der reinen Verbindung 1.5KCl*$MgCl_2$*2H_2O aus festem KCl und

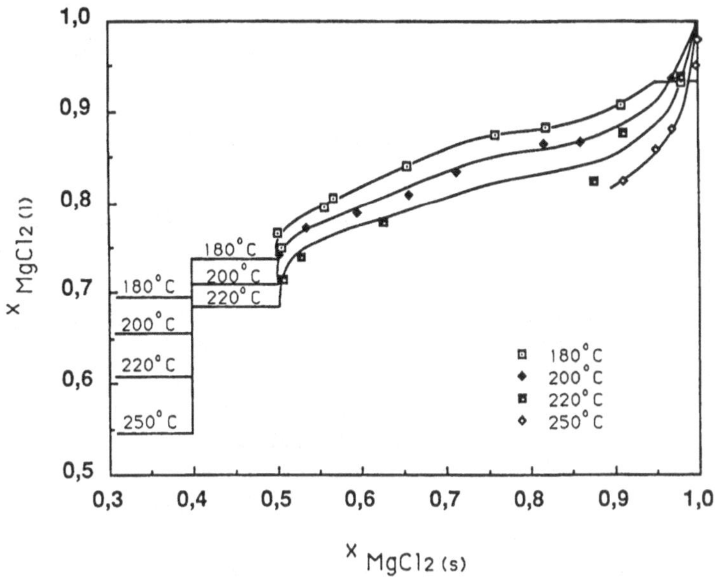

Abb. 5.9 Abhängigkeit des Salzmolenbruchs der festen Phase vom Salzmolenbruch der flüssigen Phase im System KCl-$MgCl_2$-H_2O

einer $MgCl_2$-Hydratschmelze bei konstanter Temperatur findet in vertretbaren Zeiten (Tage bis Wochen) nicht statt. Das feste KCl wird bei der Reaktion nicht völlig aufgebraucht, sondern von dem sich bildenden Doppelsalzhydrat umhüllt.

1.5KCl*$MgCl_2$*2H_2O wurde deshalb im Autoklaven durch langsames Abkühlen innerhalb eines Temperaturintervalls von 20–30 K aus einer entsprechenden homogenen flüssigen Phase präpariert. Der darstellende Punkt dieser homogenen flüssigen Phase sowie die gesamte Kristallisationsbahn muß sich dabei auf der Liquidusfläche des 1.5KCl*$MgCl_2$*2H_2O befinden.

Das Röntgendiagramm des Doppelsalzhydrates 1.5KCl*$MgCl_2$*2H_2O ist in Abbildung 5.10 dargestellt. Außer Spuren von $MgCl_2$*4H_2O und Carnallit, die auf die Kristallisation der anhaftenden flüssigen Phase zurückzuführen sind, lassen sich in den Pulveraufnahmen keine weiteren festen Phasen identifizieren. Es handelt sich somit beim Doppelsalzhydrat der formalen Zusammensetzung 1.5KCl*$MgCl_2$*2H_2O um eine homogene feste Phase.

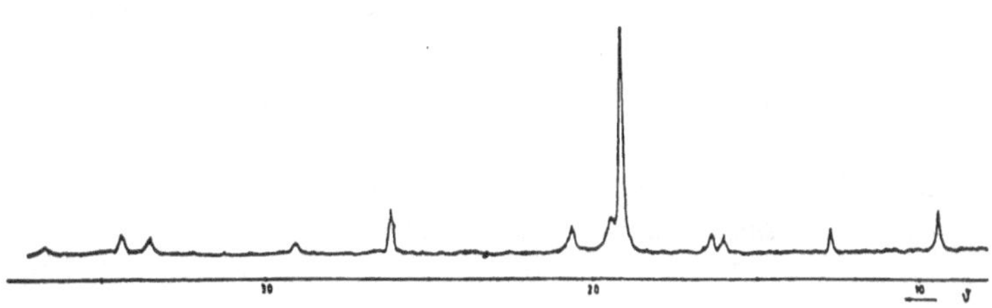

Abb. 5.10 Röntgendiagramm von 1.5KCl*$MgCl_2$*2H_2O. (CoK_α-Strahlung)

$KCl*MgCl_2*2H_2O$

Die Präparation des $KCl*MgCl_2*2H_2O$ erfolgte in Analogie zum $1.5KCl*MgCl_2*2H_2O$.

Mischkristalle

Die Darstellung der Mischkristalle, sowie die Einstellung des Gleichgewichts wurde auf drei verschiedenen Wegen vorgenommen.

1. Die Ausgangsmischung bestand aus $MgCl_2$-Hydraten und KCl. Die Gleichgewichtseinstellung erfolgte aus dem Zustand der Untersättigung (Aufheizen bis zur Gleichgewichtstemperatur).
2. Die Ausgangsmischung enthielt neben den $MgCl_2$-Hydraten (zur Einstellung der $MgCl_2$-Konzentration der flüssigen Phase) $KCl*MgCl_2*2H_2O(s)$, das in separaten Versuchen vorher präpariert wurde.
3. Aus einer homogenen flüssigen Phase mit einer 20–30 K höheren Temperatur als der Untersuchungstemperatur wurden die Mischkristalle durch langsames Abkühlen gebildet. Die Gleichgewichtseinstellung erfolgte in diesem Fall aus dem Zustand der Übersättigung.

Im Bereich, in dem Mischkristalle mit $KCl/MgCl_2$-Verhältnissen größer etwa 0.4 stabil sind, wurden alle 3 Möglichkeiten getestet. Die Ergebnisse, die nach den Wegen 2 und 3 erhalten wurden, unterscheiden sich nicht signifikant. Folglich wurde ein Gleichgewichtszustand erreicht, die gebildeten Mischkristalle sind homogen. Nach Weg 1 ergeben sich homogene Mischkristalle nur für feste Phasen mit $KCl/MgCl_2$-Verhältnissen $< 0{,}4$. Im Stabilitätsbereich der Mischkristalle mit höheren $KCl/MgCl_2$-Verhältnissen bilden sich bei Anwendung von Weg 1 feste Phasen mit signifikant zu hohen KCl-Gehalten, die entsprechend den davon angefertigten Röntgenpulveraufnahmen auf nicht umgesetztes $KCl_{(s)}$ zurückzuführen sind.

Die Pulveraufnahmen der homogenen Mischkristalle sind denen der beiden Endglieder $KCl*MgCl_2*2H_2O$ und $MgCl_2*2H_2O$ sehr ähnlich. In Abbildung 5.11 werden die Röntgendiagramme der beiden Endglieder der Mischkristallreihe sowie die von Mischkristallen mit verschiedenen KCl-Gehalten miteinander verglichen. Mit steigenden KCl-Gehalten ist eine monotone Verschiebung einiger Reflexe in Richtung größerer Netzebenenabstände zu beobachten. Auch zeigen einige Interferenzen eine kontinuierliche Änderung der Intensitäten.

Detaillierte Unterschiede sind im Kristallhabitus zwischen den Doppelsalzhydraten $1.5KCl*MgCl_2*2H_2O$ und $KCl*MgCl_2*2H_2O$ (bzw. den Mischkristallen) festzustellen. Während sich bei der polythermen Kristallisation von $1.5KCl*MgCl_2*2H_2O$ relativ große Kristalle (würfelförmig mit 2...3 mm Kantenlänge) ergeben, bilden sich unter analogen Bedingungen sehr viel kleinere und verwachsene Kristalle von $KCl*MgCl_2*2H_2O$. Dies spiegelt sich ebenfalls in der Menge der anhaftenden flüssigen Phase wider (1–2 % bei $1.5KCl*MgCl_2*2H_2O$, ~5 % bei $KCl*MgCl_2*2H_2O$). Damit ist ein weiteres Indiz dafür gegeben, daß es sich beim $1.5KCl*MgCl_2*2H_2O$ um ein reines Salzhydrat handelt (bei der polythermen Kristallisation bleibt im gesamten Temperaturbereich die Zusammensetzung der festen Phase konstant), während $KCl*MgCl_2*2H_2O$ nur als Endglied einer Mischkristallreihe kristallisiert (während der polythermen Kristallisation ändert sich mit der Temperatur auch die Zusammensetzung der festen Phase entlang der Kristallisationsbahn).

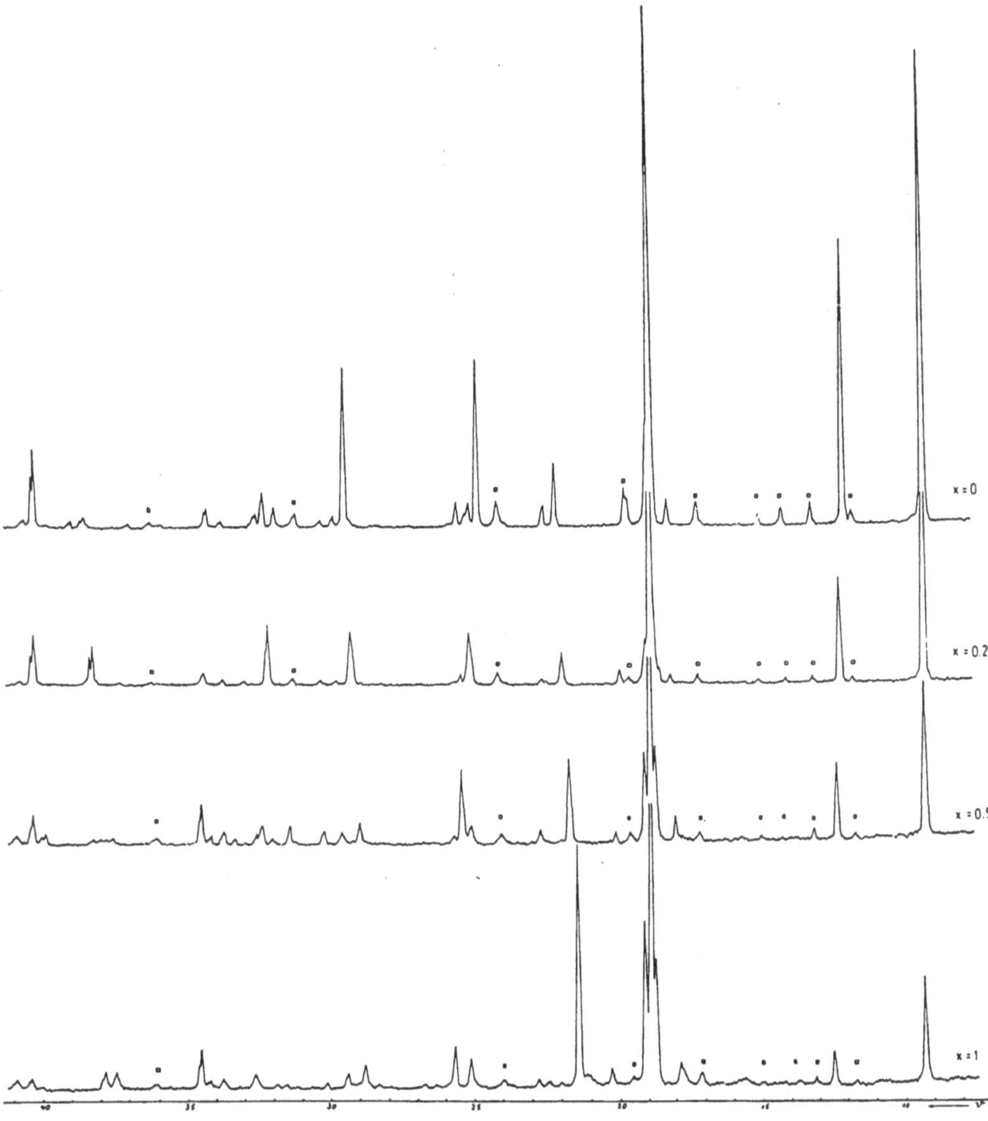

Abb. 5.11 Vergleich der Röntgendiagramme von Mischkristallen $KCl_x*MgCl_2*2H_2O$ mit verschiedenen KCl-Gehalten.
(Die mit ■ gekennzeichneten Reflexe sind dem $MgCl_2*4H_2O$ zuzuordnen, das aus der anhaftenden flüssigen Phase kristallisiert)

Isotherm invariante Gleichgewichte (Zweisalzpunkte)

Im betrachteten Temperaturintervall existieren 5 verschiedene Arten von isotherm invarianten Gleichgewichten, bei denen sich zwei feste und die flüssige Phase im Gleichgewicht befinden.

Folgende Festphasen-Kombinationen ergeben sich:
- KCl/Carnallit
- Carnallit/$MgCl_2$*4H_2O
- KCl/1.5KCl*$MgCl_2$*2H_2O
- 1.5KCl*$MgCl_2$*2H_2O/Mischkristalle (KCl*$MgCl_2$*2H_2O)-$MgCl_2$*4H_2O/Mischkristalle

Aus diesen isotherm invarianten Gleichgewichten (Zweisalzpunkte) resultieren die polythermen Zweisalzlinien (Schnittlinien zwischen den Liquidusflächen der einzelnen festen Phasen), die in Abbildung 5.12 schematisch dargestellt sind. Neben der direkten experimentellen Bestimmung der Zweisalzpunkte ist ihre Ermittlung auch durch die Extrapolation der einzelnen Isothermen-Abschnitte bis zum Schnittpunkt möglich. Beide Wege wurden genutzt.

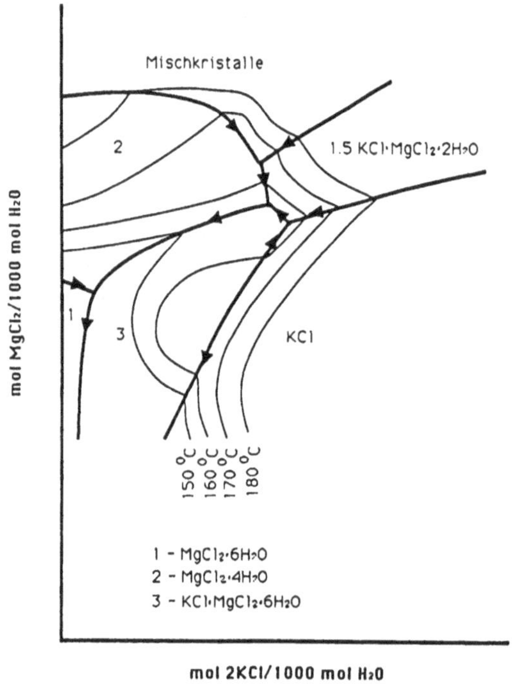

Abb. 5.12 Phasendiagramm des Systems KCl-$MgCl_2$-H_2O (schematisch)

Bei der direkten experimentellen Bestimmung muß garantiert sein, daß sich beide festen Phasen mit der flüssigen Phase im Kontakt befinden. Dies ist nicht immer ohne spezielle Versuchsbedingungen realisierbar. So wächst z. B. Carnallit leicht auf KCl auf und entfernt damit das KCl quasi aus dem Gleichgewicht, so daß sich in diesem Fall ein „Peusdogleichgewicht" zwischen Carnallit und flüssiger Phase ausbildet. Ergebnisse solcher Untersuchungen täuschen ein isotherm invariantes Gleichgewicht vor, obwohl sich die Flüssigphasenzusammensetzung auf der Carnallitisotherme, also mehr oder minder entfernt vom Zweisalzpunkt, befindet.

Umgehen läßt sich dieses Problem, wenn die Gleichgewichtseinstellung so erfolgt, daß sich ein Teil des Carnallits zersetzen muß (KCl-freier Ansatz) und kein Carnallit gebildet werden kann.

Analoge Erscheinungen waren auch bei der polythermen Kristallisation von 1.5KCl*$MgCl_2$*2H_2O und KCl*$MgCl_2$*2H_2O zu beobachten (Aufwachsen von 1.5KCl*$MgCl_2$*2H_2O auf KCl und von KCl*$MgCl_2$*2H_2O bzw. von Mischkristallen auf 1.5KCl*$MgCl_2$*2H_2O).

Die Kenntnis dieser Phänomene ist nicht nur für die Experimente von Bedeutung, sondern auch z. B. für die Vorhersage von Kristallisationsbahnen (Kristallisationsabfolgen) im Phasendiagramm.

Die Zweisalzlinie KCl-Carnallit weist eine Besonderheit auf. Wie bereits erwähnt, existieren bei 160 °C zwei isotherm invariante Gleichgewichte mit Carnallit und KCl als den stabilen festen Phasen. Dies hat zur Folge, daß die Schnittlinie der beiden zugehörigen Liquidusflächen ein Temperaturmaximum im Phasendiagramm des Systems KCl-$MgCl_2$-H_2O aufweisen muß. Dieses Temperaturmaximum ist mit dem inkongruenten Schmelzpunkt von Carnallit (167 °C) identisch.

Invariante Gleichgewichte

Dreisalzpunkte in ternären Systemen sind mit analytischen Methoden nicht direkt experimentell bestimmbar. Sie lassen sich nur durch die Extrapolation der Zweisalzlinien bis zu ihrem Schnittpunkt (3 Zweisalzlinien enden in einem Dreisalzpunkt) ermitteln.

Im Phasendiagramm des Systems KCl-$MgCl_2$-H_2O existieren im Temperaturbereich 120–250 °C drei invariante Gleichgewichte (Abb. 5.12). Als Festphasen-Kombinationen und zugehörige Temperaturen ergeben sich:

- Carnallit/$MgCl_2$*4H_2O/1.5KCl*$MgCl_2$*2H_2O 153 °C
- KCl/Carnallit/1.5KCl*$MgCl_2$*2H_2O 157 °C
- $MgCl_2$*4H_2O/1.5KCl*$MgCl_2$*2H_2O/Mischkristalle (KCl*$MgCl_2$*H_2O) 165 °C

Die Extrapolation der ermittelten Zweisalzlinien gestaltet sich problematisch, da alle drei invarianten Gleichgewichte in einem sehr engen Temperaturbereich (150–170 °C) auftreten. So erhalten wir zwangsläufig auch sehr geringe Temperaturintervalle für die Schnittlinien zwischen den Liquiduskurven (Carnallit/1.5KCl*$MgCl_2$*2H_2O etwa 5 K und $MgCl_2$*4H_2O/1.5KCl*$MgCl_2$*2H_2O etwa 10 K). Die angegebenen Temperaturen besitzen eine Unsicherheit von etwa +/− 3 K.

Das komplette Phasendiagramm des Systems KCl-$MgCl_2$-H_2O

Unter Einbeziehung der Literaturdaten für den Temperaturbereich unterhalb 100 °C (D'Ans 1933; D'Ans und Sypiena 1942; Lightfoot und Prutton 1946, 1947, 1949; Majima et al. 1972, 1974, 1983; Motoyama et al. 1971b, 1972, 1976) erfolgte die Ableitung des kompletten Phasendiagramms bis zu einer Temperatur von 250 °C, dargestellt in Abbildung 5.13. Das Koordinatensystem wurde unter dem Gesichtspunkt gewählt, daß möglichst wenige Liquidusflächen verdeckt werden. Folgende feste Phasen sind stabil:

- Eis
- $MgCl_2$*12H_2O
- $MgCl_2$*8H_2O
- $MgCl_2$*6H_2O
- $MgCl_2$*4H_2O

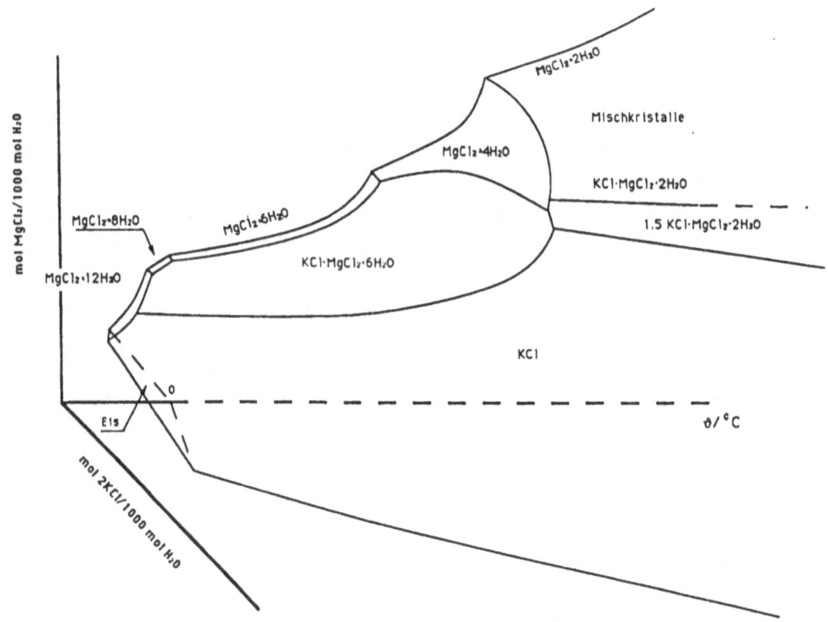

Abb. 5.13 Komplettes Phasendiagramm des Systems KCl-$MgCl_2$-H_2O bei Temperaturen unterhalb 250 °C

- KCl
- KCl*$MgCl_2$*6H_2O
- 1.5KCl*$MgCl_2$*2H_2O
- Mischkristalle $MgCl_2$*2H_2O-KCl*$MgCl_2$*2H_2O

Im Phasendiagramm (Abb. 5.13) sind die Begrenzungen der einzelnen Liquidsflächen der stabilen festen Phasen dargestellt.

5.3.3. Das quaternäre System NaCl – KCl – $MgCl_2$ – H_2O bei Sättigung an NaCl

Bei konstanter Temperatur (isotherm) besitzt jede feste Phase im Phasendiagramm eines quaternären Systems eine Sättigungsfläche in einem Raum, der durch die Konzentrationsvariablen der drei Salzkomponenten aufgespannt wird. Schematisch ist eine solche Isotherme des Systems NaCl-KCl-$MgCl_2$-H_2O in Abbildung 5.14 dargestellt. (Die Isotherme ist charakteristisch für den Temperaturbereich von 120–150 °C.)

Experimentelle Ergebnisse zum quaternären System NaCl-KCl-$MgCl_2$-H_2O liegen im Temperaturbereich 120–170 °C vor (ENGELHARDT 1989). Die Experimente wurden vorwiegend bei hohen $MgCl_2$-Konzentrationen (> 100 mol $MgCl_2$/1000 mol H_2O) und bei NaCl-Sättigung ausgeführt und sind in den Abbildungen 5.15 und 5.16 zusammengefaßt. Dargestellt sind die im Raum liegenden Isothermen, die sich aus dem Schnitt einer isothermen Sättigungsfläche mit der Sättigungsfläche von NaCl ergeben sowie die polythermen Dreisalzlinien projeziert auf die KCl-$MgCl_2$- bzw. NaCl-$MgCl_2$-Konzentrationsebene. Gegenüber den ternären Randsystemen bilden sich im quaternären System keine zusätzlichen festen

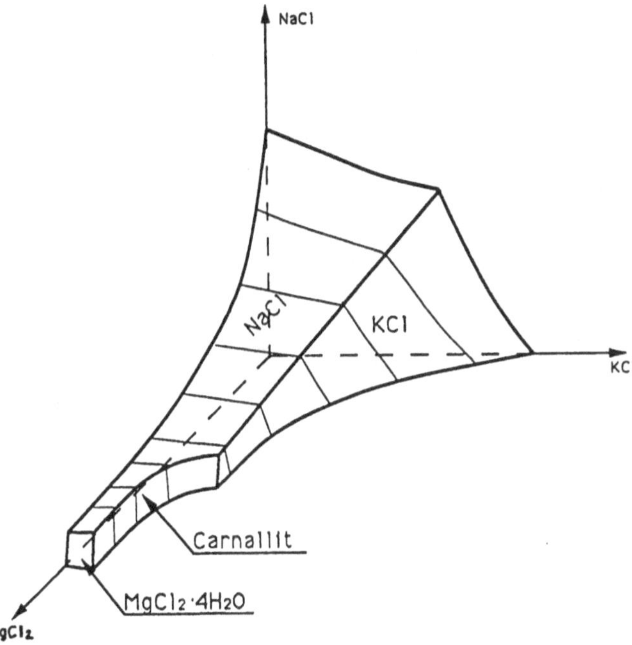

Abb. 5.14 Isotherme im System NaCl-KCl-$MgCl_2$-H_2O (schematisch)

Phasen, d. h. der Phasenbestand des ternären Systems KCl-$MgCl_2$-H_2O wird lediglich um NaCl erweitert.

Der Einfluß von NaCl auf die Zusammensetzung der flüssigen Phase (KCl-Konzentration bei konstanter $MgCl_2$-Konzentration) ist im Bereich hoher $MgCl_2$-Konzentrationen im Vergleich zum ternären System KCl-$MgCl_2$-H_2O sehr gering (Abb. 5.15). Bei geringen $MgCl_2$-Konzentrationen nimmt die KCl-Konzentration der flüssigen Phase durch NaCl-Zusatz ab. Mit steigender $MgCl_2$-Konzentration wird dieser Aussalzeffekt kleiner, so daß im Bereich > 120 mol $MgCl_2$/1000 mol H_2O die KCl-Gehalte der flüssigen Phase im quaternären System praktisch mit denen im ternären System KCl-$MgCl_2$-H_2O identisch sind. Bei $MgCl_2$-Konzentrationen > 166 mol/1000 mol H_2O deutet sich eine Erhöhung der KCl-Gehalte der flüssigen Phase durch NaCl-Zusatz an.

Die Projektion des Phasendiagramms auf die NaCl – $MgCl_2$-Ebene ist in Abbildung 5.16 zu sehen. Die NaCl-Gehalte der flüssigen Phase sind bei konstanten $MgCl_2$-Gehalten deutlich geringer als die KCl-Gehalte.

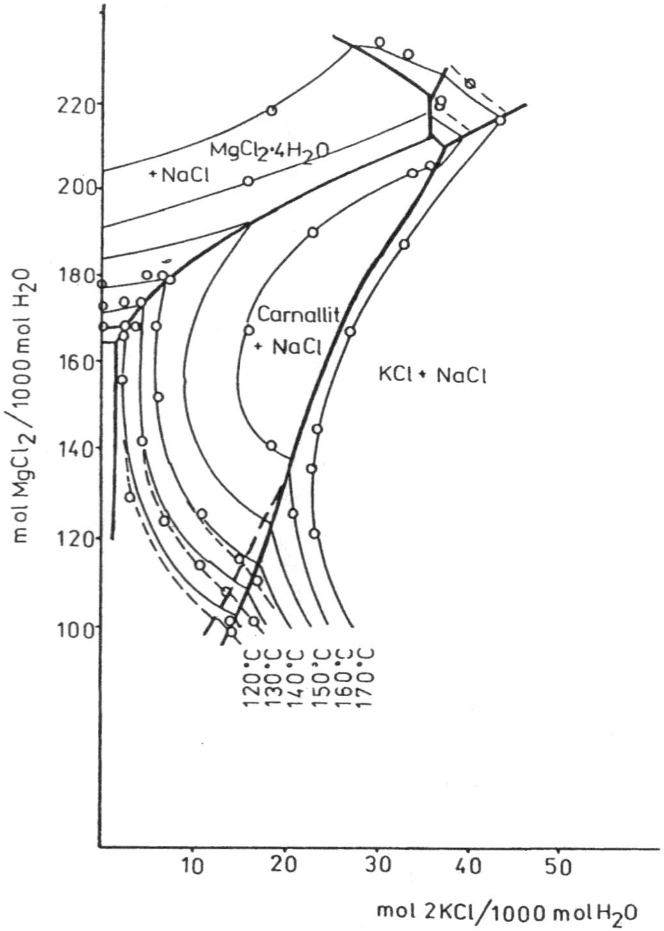

Abb. 5.15 Phasendiagramm des Systems NaCl-KCl-$MgCl_2$-H_2O bei Sättigung an NaCl. Projektion auf KCl-MgCl-Ebene.
—— System KCl-$MgCl_2$-H_2O
------- NaCl-Sättigung

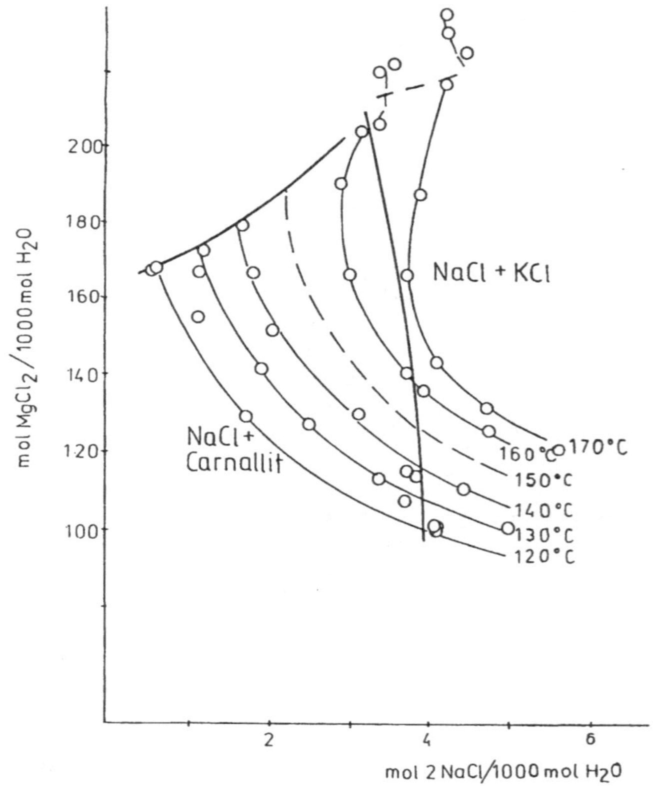

Abb. 5.16 Phasendiagramm des Systems NaCl-KCl-$MgCl_2$-H_2O bei Sättigung an NaCl. Projektion auf NaCl-$MgCl_2$-Ebene

5.3.4. Das reziproke System Na^+, Mg^{2+}/Cl^-, $SO_4^{2-}//H_2O$ bei Sättigung an NaCl

Das quaternäre System Na^+, Mg^{2+}/Cl^-, $SO_4^{2-}//H_2O$ wurde im Bereich hoher $MgCl_2$-Konzentrationen (> 50 mol/1000 mol H_2O) bei Temperaturen von 90–140 °C untersucht.

Eine Isotherme dieses reziproken Systems ist für den Bereich oberhalb etwa 50 mol $MgCl_2$/1000 mol H_2O schematisch in Abbildung 5.17 dargestellt.

Als feste Phasen sind im Temperaturbereich 90–140 °C stabil:
- NaCl
- $MgSO_4*H_2O$ (Kieserit)
- $MgCl_2*6H_2O$ (< 117 °C)
- $MgCl_2*4H_2O$ (> 117 °C)

Untersucht wurden im einzelnen die Isothermen bei 90, 120 und 140 °C bei Sättigung an NaCl (ZIEGENBALG 1990; ZIEGENBALG et al. 1991). Die Ergebnisse sind in Abbildung 5.18 als Projektion der Schnittlinien der beiden Sättigungsflächen für NaCl und Kieserit auf die $MgSO_4$-$MgCl_2$-Ebene dargestellt.

Auffällig ist in diesem System der Temperaturkoeffizient der Kieseritlöslichkeit. Während die Löslichkeit von NaCl und den $MgCl_2$-Hydraten ($MgCl_2*6H_2O$ und $MgCl_2*4H_2O$) mit Temperaturerhöhung ansteigt, weist Kieserit einen negativen Temperaturkoeffizient der Löslichkeit aus (bei konstantem $MgCl_2$-Gehalt der flüssigen Phase).

Der Zusatz von NaCl erniedrigt die Löslichkeit von Kieserit. Dieser Effekt nimmt mit zunehmenden $MgCl_2$-Gehalten der flüssigen Phase ab.

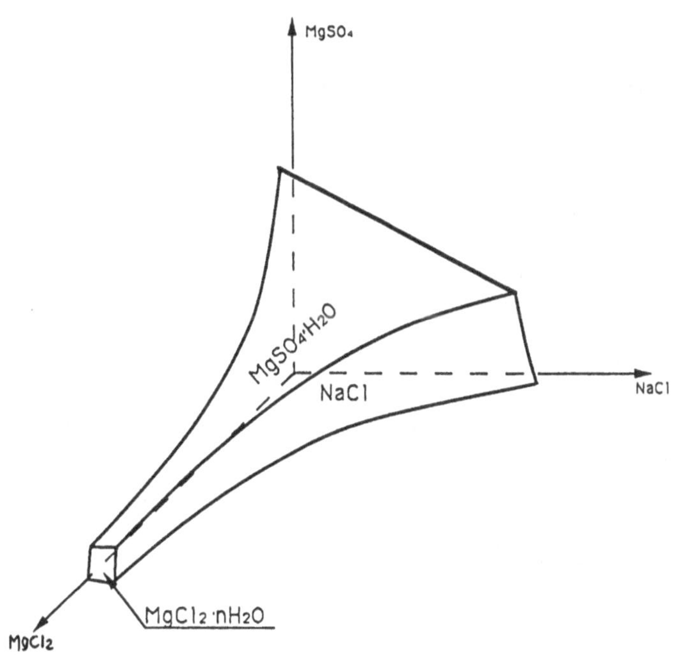

Abb. 5.17 Isotherme des Systems Na^+, Mg^{2+}/Cl^-, $So_4^{2-}//H_2O$ (schematisch)

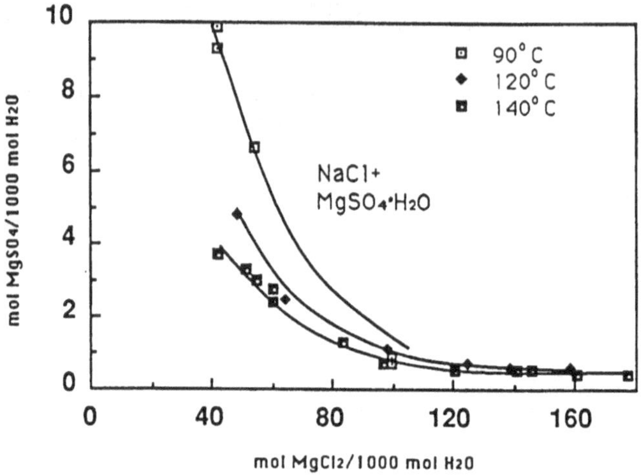

Abb. 5.18 System Na^+, Mg^{2+}/Cl^-, $So_4^{2-}//H_2O$. Isothermen bei 90, 120 und 140 °C

5.3.5. Das quinäre System Na^+, K^+, Mg^{2+}/Cl^-, $SO_4^{2-}//H_2O$ bei Sättigung an NaCl

Im quinären System erhöht sich die Zahl der Freiheiten soweit, daß auch eine isotherme Darstellung im Raum nicht ohne Einschränkungen möglich ist. Eine geeignete Begrenzung ist die Sättigung an NaCl.

In Abbildung 5.19 ist eine Isotherme des quinären Systems Na^+, K^+, Mg^{2+}/Cl^-, $SO_4^{2-}/$ $/H_2O$ für den Bereich hoher $MgCl_2$-Konzentrationen (> 50 mol/1000 mol H_2O) schematisch dargestellt. Das Koordinatensystem wurde in der Art gewählt, daß keine „negativen" Konzentrationen entstehen (z. B. würden sich im Bereich hoher Na_2SO_4-Konzentrationen im gewählten Koordinatensystem negative $MgCl_2$-Konzentrationen ergeben) und daß möglichst wenige bzw. keine Flächen verdeckt werden.

Flüssige Phasen, deren Zusammensetzung sich auf einer Fläche im Raum befinden, stehen mit zwei festen Phasen im Gleichgewicht. Die Schnittlinien von zwei Flächen sind folglich Dreisalzlinien, die Schnittpunkte stellen isotherm invariante 4-Salz-Punkte dar.

In der $MgCl_2$-$MgSO_4$-Ebene ist demzufolge die Projektion des reziproken Randsystems Na^+, Mg^{2+}/Cl^-, $SO_4^{2-}//H_2O$ und in der $MgCl_2$-KCl-Ebene die des quaternären Randsystems NaCl-KCl-$MgCl_2$-H_2O bei Sättigung an NaCl dargestellt. Gegenüber den beiden Randsystemen ist in diesem Teil des quinären Systems eine weitere feste Phase – das Doppelsalz Langbeinit (K_2SO_4*2$MgSO_4$) – stabil.

Analoga zu der in Abbildung 5.19 dargestellten Isotherme ergeben sich für alle drei untersuchten Temperaturen (90, 120 und 140 °C). In diesem Temperatur- und Konzentrationsbereich existieren 7 verschiedene Dreisalzlinien (3 feste Phasen koexistieren mit der flüssigen Phase). Folgende Festphasen-Kombinationen leiten sich ab:

- Kieserit, Langbeinit, NaCl
- Kieserit, KCl, NaCl
- Kieserit, Carnallit, NaCl

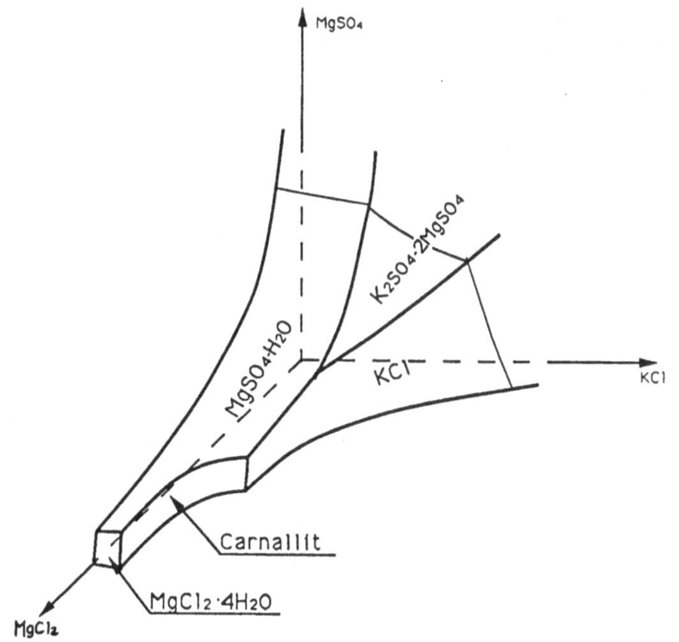

Abb. 5.19 Isotherme des Systems Na^+, K^+, Mg^{2+}/Cl^-, $SO_4^{2-}//H_2O$ (schematisch)

- Langbeinit, KCl, NaCl
- KCl, Carnallit, NaCl
- Kieserit, $MgCl_2*nH_2O$, NaCl (90 °C → n = 6)
- Carnallit, $MgCl_2*nH_2O$, NaCl (120 °C; 140 °C → n = 4)

Experimentell ermittelt wurden die 4 erstgenannten (Ziegenbalg 1990; Ziegenbalg et al. 1991). In Abbildung 5.20 sind die Flüssigphasenzusammensetzungen bei den drei untersuchten Temperaturen auf die $MgSO_4$-$MgCl_2$-Ebene projiziert.

Die SO_4^{2-}-haltigen festen Phasen (Kieserit und Langbeinit) haben generell einen negativen Temperaturkoeffizienten der Löslichkeit, während die Löslichkeit aller anderen chloridischen Salze mit steigender Temperatur zunimmt.

Aus dem Verlauf der Dreisalzlinien leiten sich drei isotherm invariante Gleichgewichte (vier feste Phasen stehen mit der flüssigen Phase im Gleichgewicht) für alle drei Temperaturen ab:
- Kieserit, Langbeinit, KCl, NaCl
- Kieserit, Carnallit, KCl, NaCl
- Kieserit, Carnallit, $MgCl_2*nH_2O$, NaCl (90 °C → n = 6; 120 °C, 140 °C → n = 4)

Für die $MgCl_2$-Hydrate ergibt sich im betrachteten Temperaturintervall eine Umwandlung ($MgCl_2*6H_2O \leftrightarrow MgCl_2*4H_2O$). Der inkongruente Schmelzpunkt des reinen $MgCl_2*6H_2O$ liegt bei etwa 117 °C, so daß im quinären System bei geringfügig niedrigeren Temperaturen ein invarianter 5-Salz-Punkt mit den festen Phasen $MgCl_2*6H_2O$, $MgCl_2*4H_2O$, Kieserit, Carnallit und NaCl existiert.

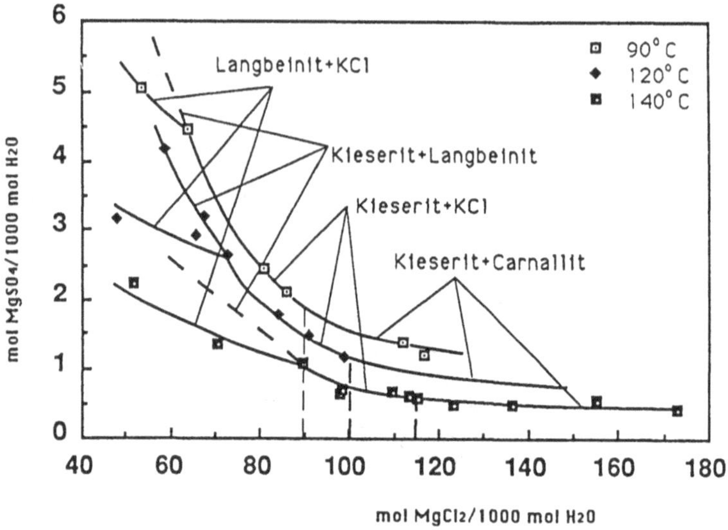

Abb. 5.20 Das System Na^+, K^+, Mg^{2+}/Cl^-, $SO_4^{2-}//H_2O$.
Isothermen bei 90, 120 und 140 °C (Projektion auf $MgSO_4$-$MgCl_2$-Ebene)

5.4. Probleme bei der Interpretation der Ergebnisse der experimentellen Untersuchung von fest-flüssig-Phasengleichgewichten von Salz-Wasser-Systemen bei erhöhten Temperaturen

Jedes experimentell ermittelte Ergebnis gilt es zu interpretieren. Dies ist im besonderen Maße auch für die Bestimmung von fest-flüssig-Gleichgewichten bei erhöhten Temperaturen gültig. Neben den methodisch bedingten Fehlern sind falsche Interpretationen der experimentell ermittelten Daten die häufigste Ursache für die Publikation falscher bzw. fehlerhafter Phasendiagramme.

Probleme dieser Art sollen im folgenden etwas näher betrachtet werden. Dabei stehen die analytischen Methoden mit ihrer Spezifik bei erhöhten Temperaturen im Vordergrund.

Da es sich bei synthetischen Methoden oft um dynamische Methoden handelt, verdienen solche Kriterien wie die extrem kurzen Gleichgewichtseinstellzeiten, die Induzierung der Phasenübergänge etc. besondere Beachtung.

Bei analytischen Methoden, speziell bei der von uns entwickelten, erhält man nach der Phasentrennung eine flüssige Phase und eine feste Phase (bzw. ein Gemisch mehrerer fester Phasen). Die abgetrennten festen Phasen sind dabei nie „reine" Phasen, sondern immer mehr oder minder mit flüssiger Phase behaftet. Aus der chemischen Analyse ergibt sich die Zusammensetzung der einzelnen Phasen. Für die festen Phasen stehen zusätzliche Charakterisierungsmethoden wie z. B. Röntgendiffraktometrie, IR-Spektroskopie, Thermische Analyse, etc. zur Verfügung. Problemlos läßt sich in der Regel aus den Analysendaten die Zusammensetzung der flüssigen Phase ableiten. Bei hohen Temperaturen ist eine Korrektur der Zusammensetzung der flüssigen Phase in Hinsicht auf das aus der Gasphase kondensierte Wasser nötig, d. h. Dichte und Dampfdruck der flüssigen Phase müssen bei der Untersuchungstemperatur bekannt sein oder abgeschätzt werden (FANGHÄNEL und EMONS 1987).

Die Ermittlung der Zusammensetzung der festen Phasen ist weitaus problematischer. Oft wird dafür die sogenannte „SCHREINEMAKERS'sche Restmethode“ (SCHREINEMAKERS 1893) angewendet. Vom Prinzip her ist diese Methode die Extrapolation von mindestens zwei Konoden in einem Phasendiagramm bis zu ihrem Schnittpunkt (graphisch oder numerisch) in ternären oder höheren Systemen. Je Konode stehen dabei maximal drei Punkte zur Verfügung, die selbstverständlich – bedingt durch die Grenzen der analytischen Genauigkeit – ein Fehlerintervall besitzen. Diese drei Punkte ergeben sich aus den Zusammensetzungen der flüssigen Phase, des Bruttoansatzes und des Bodenkörpers. Bei niedrigen Temperaturen läßt sich die Zahl der Meßpunkte je Konode noch erhöhen, indem Bodenkörper und flüssige Phase in verschiedenen Verhältnissen gemischt und analysiert werden. Bei hohen Temperaturen steht dafür in der Regel keine homogene flüssige Phase zur Verfügung, da diese während der Abkühlung mehrere Kristallisationsgebiete durchläuft. Bei Zimmertemperatur handelt es sich dann bei der „flüssigen“ Phase oft um eine inhomogen erstarrte Schmelze.

Große Fehlermöglichkeiten ergeben sich für die Zusammensetzung der festen Phase, wenn die Konoden bis zum Schnittpunkt über einen großen Konzentrationsbereich extrapoliert werden müssen. Das Intervall der Extrapolation hängt vor allem von der Güte der Phasentrennung ab. Als besonders vorteilhaft hat sich die Nutzung der Zentrifugalkraft (etwa 2000fache Erdbeschleunigung) zur Phasentrennung bei der von uns entwickelten Methode erwiesen. Dadurch lassen sich in der Regel Bodenkörper abtrennen,

- aus deren Zusammensetzung direkt auf die Zusammensetzung der stabilen festen Phase(n) geschlossen werden kann (2–7 % anhaftende flüssige Phase) und
- die für eine weitergehende Charakterisierung mit zusätzlichen Untersuchungsmethoden (Thermische Analyse, Röntgenbeugung, etc.) geeignet sind.

Dies ist dann von besonderer Bedeutung, wenn komplizierte Verhältnisse bezüglich der stabilen festen Phasen (beispielsweise Mischkristalle) vorliegen. Bei der Stabilität von Mischkristallhydraten ergeben sich bei der Anwendung der SCHREINEMAKERS'schen Methode zur Ableitung der Zusammensetzung der festen Phase prinzipielle Fehlermöglichkeiten. In Abbildung 5.21 ist ein solcher Fall schematisch dargestellt.

Die Konoden schneiden sich entweder überhaupt nicht innerhalb des Phasendiagramms oder der Schnittpunkt täuscht eine völlig falsche Zusammensetzung der stabilen festen Phase vor. Kompliziert ist die Auswertung vor allem dann, wenn die Endglieder der Mischkristallreihe nicht bekannt bzw. nicht ohne Probleme ableitbar sind. Dabei können die Verhältnisse weitaus komplizierter sein, als in Abbildung 5.21 dargestellt. So sind beispielsweise Mischkristalle mit einem Salzhydrat und einem Doppelsalzhydrat ($MgCl_2*2H_2O - KCl*MgCl_2*2H_2O$) oder mit einem einfachen wasserfreien Salz und einem Doppelsalzhydrat ($CsCl - CsCl*2NaCl*2H_2O$) als Endglieder der Reihe stabil. Durch Zusatz einer weiteren (Salz-)Komponente, die unter den gegebenen Bedingungen nicht im festen Zustand stabil ist, ergibt sich eine Möglichkeit, dieses Problem zu umgehen. Allerdings kommt es dadurch zu einer Komplizierung der Verhältnisse, insbesondere zu einer Erhöhung des Aufwandes und der Unsicherheiten der chemischen Analyse der Komponenten des Systems.

Alle bisher durchgeführten Betrachtungen gehen grundsätzlich von der Voraussetzung aus, daß ein thermodynamisches Gleichgewicht zwischen den verschiedenen Phasen erreicht

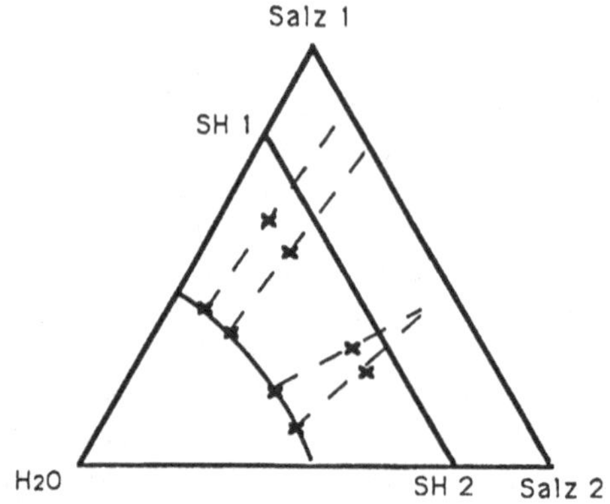

Abb. 5.21 Anwendung der Schreinemakersschen Restmethode zur Ermittlung der Zusammensetzung von Mischkristall-Hydraten

wurde. Dies ist jedoch nicht immer ohne Einschränkungen gewährleistet. Im wesentlichen lassen sich vier Zustände bezüglich des Erreichens des Gleichgewichtszustandes unterscheiden:

- stabiles Gleichgewicht,
- metastabiles Gleichgewicht,
- Pseudogleichgewicht und
- Nichtgleichgewicht

Anhand der ermittelten Ergebnisse gilt es einzuschätzen, welcher der vier Zustände erreicht wurde.

Untersuchungen zu den fest-flüssig-Gleichgewichten von Systemen des Typs MCl-$MgCl_2$-H_2O ($M = Cs, NH_4$) bei 200 °C (HOFFMANN 1988; WILLE 1988) haben in besonderer Weise deutlich gemacht, wie schwierig es ist, die experimentell ermittelten Zusammensetzungen der flüssigen und festen Phasen zu interpretieren, d. h. festzustellen, welcher Zustand (stabil, metastabil, Pseudogleichgewicht, Nichtgleichgewicht) erreicht wurde. Eine Reihe neuer Verbindungen und die Bildung von Mischkristallen ergeben ausgesprochen komplizierte Verhältnisse, so daß es trotz beträchtlichem experimentellem Aufwand nicht gelungen ist, die Isothermen eindeutig anzugeben.

Im folgenden sollen die einzelnen Zustände etwas näher charakterisiert werden.

Stabile Gleichgewichte

Stabile Gleichgewichte sind in der Regel das Ziel der Bestimmung von fest-flüssig-Gleichgewichten. Das System befindet sich im thermodynamischen Gleichgewicht, d. h. in einem Zustand minimaler GIBBS-Energie. Die GIBBS'sche Phasenregel ist vollständig erfüllt.

Einen gewissen Sonderfall stellt die Löslichkeitserhöhung durch die Bildung sehr feinkristalliner fester Phasen dar. Solche Oberflächeneffekte ergeben sich in der Regel bei Korngrößen der festen Phase $< 1 \mu m$. Es wird dann zwar ein absolutes Minimum der GIBBS-Energie erreicht, im allgemeinen werden fest-flüssig-Gleichgewichte jedoch unter Bedingungen betrachtet, die unabhängig von der Oberfläche sind.

Metastabile Gleichgewichte

Ist ein System metastabil, so hat es ein lokales Minimum der GIBBS-Energie erreicht, d. h. es existiert ein Zustand mit einer noch niedrigeren GIBBS-Energie (stabiles Gleichgewicht), der sich jedoch nicht gebildet hat, da zwischen stabilem und metastabilem Zustand eine mehr oder minder große Energiebarriere aufgebaut ist. Wird die Energiebarriere durch zugeführte Aktivierungsenergie überwunden; „klappt“ das System (oft mit großer Geschwindigkeit) in den stabilen oder aber auch einen anderen metastabilen Zustand niedriger GIBBS-Energie um.

In binären Salz-Wasser-Systemen ergeben sich metastabile Gleichgewichte entlang der Verlängerung der Liquiduskurven in der Regel in Richtung niedriger Temperaturen, also über einen Umwandlungspunkt (z. B. einen inkongruenten Schmelzpunkt) oder ein Eutektikum hinaus.

Ein klassischer Vertreter, in dem metastabile Gleichgewichte leicht realisierbar sind, ist das System Natriumacetat (NaAc)-Wasser. Schmelzen von NaAc*3H_2O lassen sich nicht nur problemlos über mehr als 50 K unterkühlen, sondern es lassen sich auch ohne Schwierigkeit metastabile fest-flüssig-Gleichgewichte mit wasserfreiem NaAc als fester Phase z. B. 20 K unterhalb des inkongruenten Schmelzpunktes von NaAc*3H_2O (58 °C) realisieren. Das Phasendiagramm des Systems NaAc-H_2O ist in Abbildung 5.22 dargestellt.

Die stabilen wie auch die metastabilen Gleichgewichte bei 40° und 50 °C wurden mit der im Abschnitt 5.2. beschriebenen analytischen Methode bei Gleichgewichtseinstellzeiten (bei konstanter Temperatur) von 48 Stunden ermittelt, wobei der Ansatz zuvor auf eine Temperatur erwärmt wurde, bei der sich eine homogene flüssige Phase bildete.

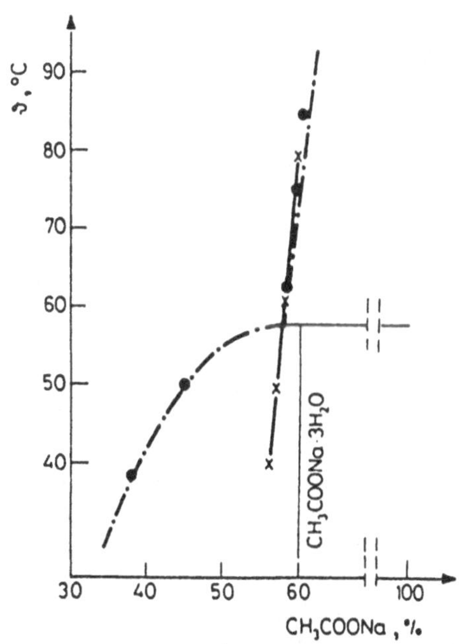

Abb. 5.22 Phasendiagramm des Systems NaAc-H_2O. Stabile und metastabile Gleichgewichte (NAUMANN et al. 1988)

Typisch für die Ausbildung metastabiler Gleichgewichte sind insbesondere auch sulfathaltige Systeme, wie z. B. das System $MgSO_4$-H_2O.

In ternären oder höheren Systemen ergeben sich metastabile Gleichgewichte entlang der Verlängerung der Liquidusflächen bzw. entlang der Verlängerung einer Isotherme über die Grenzen (z. B. Zweisalzlinien) der Liquidusfläche hinaus.

Im System KCl-$MgCl_2$-H_2O konnten metastabile Zustände nur im Bereich der $1.5KCl*MgCl_2*2H_2O/MgCl_2*4H_2O$- und $KCl_x*MgCl_2*2H_2O/MgCl_2*4H_2O$-Sättigung realisiert werden. In Abbildung 5.23 ist ein Ausschnitt der 160 °C-Isotherme des Systems KCl-$MgCl_2$-H_2O dargestellt.

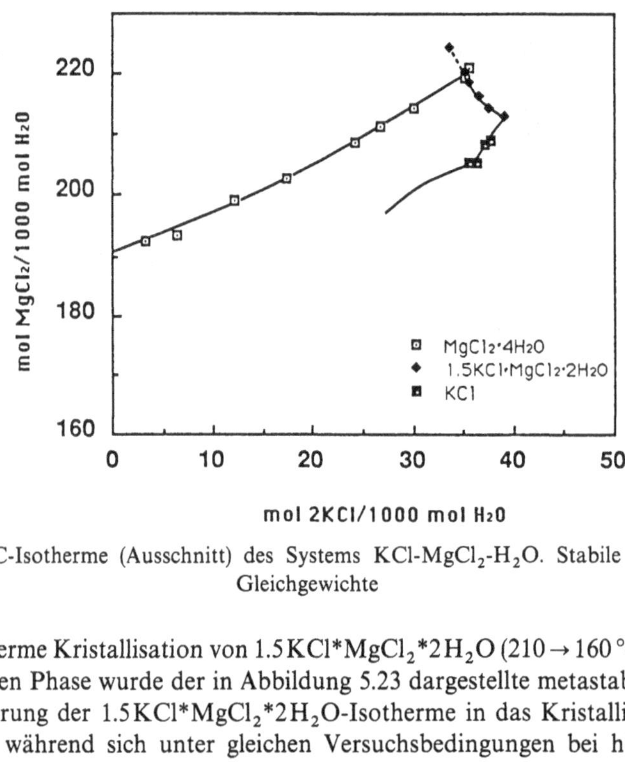

Abb. 5.23 160 °C-Isotherme (Ausschnitt) des Systems KCl-$MgCl_2$-H_2O. Stabile und metastabile Gleichgewichte

Durch polytherme Kristallisation von $1.5KCl*MgCl_2*2H_2O$ (210 → 160 °C) aus einer homogenen flüssigen Phase wurde der in Abbildung 5.23 dargestellte metastabile Zustand erreicht (Verlängerung der $1.5KCl*MgCl_2*2H_2O$-Isotherme in das Kristallisationsfeld von $MgCl_2*4H_2O$), während sich unter gleichen Versuchsbedingungen bei höheren $MgCl_2$-Konzentrationen kein metastabiler Zustand ergab, sondern sich das isotherm invariante Gleichgewicht mit $1.5KCl*MgCl_2*2H_2O$ und $MgCl_2*4H_2O$ als stabile feste Phasen bildete.

In den $MgSO_4$-haltigen Systemen sind metastabile Gleichgewichte wesentlich leichter realisierbar (größere Energiebarrieren im Vergleich zu den rein chloridischen Systemen).

Der Ausschnitt einer Isotherme des quinären Systems Na^+, K^+, Mg^{2+}/Cl^-, $SO_4^{2-}//H_2O$ ist in Abbildung 5.24 schematisch dargestellt. Neben den stabilen Gleichgewichten sind die metastabilen bei Sättigung an Kieserit und KCl mit eingezeichnet. Beide stabilen Flächen (Kieserit/NaCl und NaCl/KCl) lassen sich bis zu deren Schnittlinie unter Bildung einer metastabilen Dreisalzlinie (Kieserit, KCl, NaCl) verlängern. Ebenso ist Langbeinit über die Grenzen des stabilen Kristallisationsfeldes hinaus metastabil.

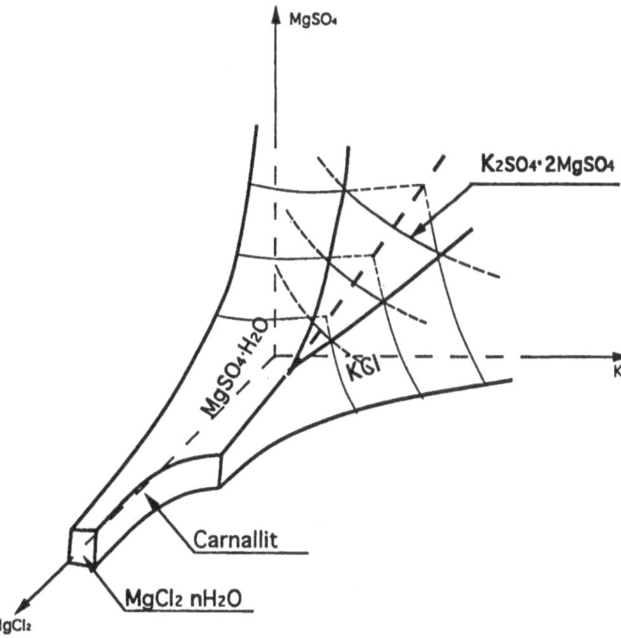

Abb. 5.24 Stabile und metastabile Gleichgewichte im System Na^+, K^+, Mg^{2+}/Cl^-, $SO_4^{2-}//H_2O$ (schematisch)

Experimentelle Ergebnisse zu den metastabilen Gleichgewichten wurden bei allen drei untersuchten Temperaturen (90, 120 und 140 °C) ermittelt (ZIEGENBALG 1990; ZIEGENBALG et al. 1991). Als Beispiel sind in Abbildung 5.25 die stabilen sowie die metastabilen Bereiche der 3-Salz-Linien Kieserit/KCl/NaCl und Langbeinit/KCl/NaCl bei 90 °C auf die $MgSO_4$-2KCl-Ebene projiziert. Abbildung 5.26 zeigt einen Schnitt durch die 140 °C-Isotherme des Raumdiagramms des quinären Systems bei 50 mol $MgCl_2$/ 1000 mol H_2O.

In allen drei Abbildungen repräsentieren die gestrichelt gezeichneten Bereiche die metastabilen Zustände.

Metastabile Gleichgewichte können sich hinsichtlich ihrer Zeitabhängigkeit (in endlichen Zeiträumen) wie thermodynamische Gleichgewichte (keine Änderung der Zusammensetzung mit der Zeit) verhalten. Die zeitliche Konstanz eines Systems ist demzufolge nur ein notwendiges aber kein hinreichendes Kriterium für das Erreichen eines thermodynamischen Gleichgewichts. Ein besseres Gleichgewichtskriterium ist die „Wegunabhängigkeit". Ergibt sich aus verschiedenen Ausgangszuständen (z. B. untersättigt und übersättigt) der gleiche Endzustand, ist die Wahrscheinlichkeit sehr groß, daß ein thermodynamisches Gleichgewicht erreicht wurde.

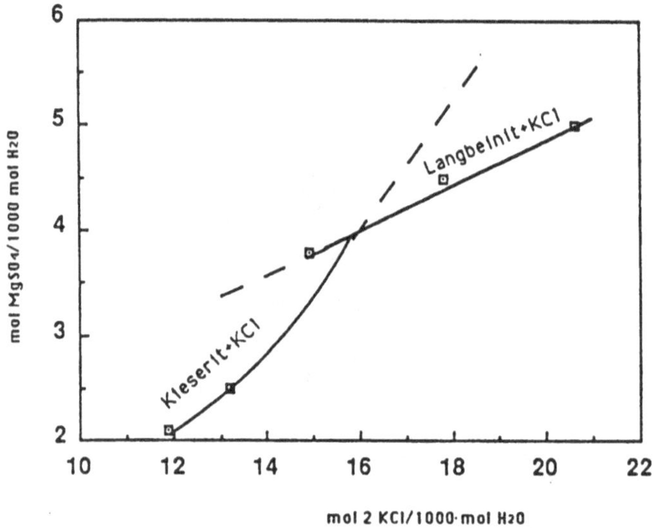

Abb. 5.25 Stabile und metastabile Gleichgewichte im System Na^+, K^+, Mg^{2+}/Cl^-, $SO_4^{2-}//H_2O$ bei 90 °C. Projektion der Dreisalzlinien auf die $MgSO_4$-2KCl-Ebene

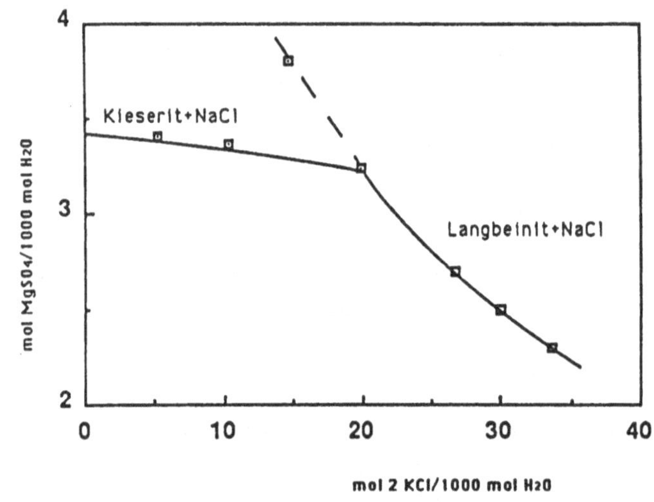

Abb. 5.26 Schnitt durch die Kieserit/NaCl- und Langbeinit/NaCl-Fläche des Systems Na^+, K^+, Mg^{2+}/Cl^-, $SO_4^{2-}//H_2O$ bei 50 mol $MgCl_2$/1000 mol H_2O und 140 °C

Pseudogleichgewichte

Als Pseudogleichgewicht wird ein Zustand bezeichnet, bei dem sich die flüssige Phase lediglich mit der Oberfläche der Kristalle im Gleichgewicht befindet. Die Kristalle sind nicht homogen, d. h. Oberflächenzusammensetzung und Zusammensetzung im Inneren der Kristalle sind nicht identisch. Voraussetzung dafür ist, daß eine feste Phase auf einer anderen aufwächst und diese damit quasi aus dem Gleichgewicht entfernt. Möglich wird dies dadurch, daß Teilschritte (Reaktionen) während der Gleichgewichtseinstellung mit grundsätzlich verschiedenen Geschwindigkeiten ablaufen.

Solche „Aufwachseffekte" einer festen Phase auf einer anderen sind relativ häufig, da benachbarte feste Phasen in einem Phasendiagramm oft ähnliche Eigenschaften (Struktur, Kristallhabitus, etc.) besitzen können.

Bilden sich Pseudogleichgewichte, sind Fehlinterpretationen der experimentellen Ergebnisse nicht nur hinsichtlich der Zusammensetzung der festen Phasen, sondern auch bezüglich des Freiheitsgrades des Systems (invariant, monovariant, etc.) leicht möglich.

Im System KCl-$MgCl_2$-H_2O wurden Pseudogleichgewichte sowohl im Bereich der Carnallitsättigung als auch im Bereich der Stabilität von $1.5KCl*MgCl_2*2H_2O$ und der Mischkristalle ($MgCl_2*2H_2O$-$KCl*MgCl_2*2H_2O$) experimentell ermittelt. In jedem Fall wurde dabei KCl von dem Doppelsalz bzw. von den Mischkristallen umhüllt (Fanghänel et al. 1989).

Neben der Bedeutung für die Interpretation der experimentell ermittelten Ergebnisse leiten sich daraus wesentliche Schlußfolgerungen für die Vorhersage von realen Kristallisationsbahnen im Phasendiagramm eines Salz-Wasser-Systems ab. Dies ist von grundlegender Bedeutung für Trennprozesse, aber auch z. B. für den Einsatz von Salzhydraten als Latentwärmespeichermaterialien. Für Latentwärmespeicher auf der Basis von Salz-Hydraten stellen reversible fest-flüssig-Umwandlungen die Grundlage dar.

Am Beispiel der thermischen Entwässerung von Carnallit läßt sich die Bedeutung von Pseudogleichgewichten gut illustrieren. Durch die Kenntnis der zugehörigen fest-flüssig-gas-Gleichgewichte im System KCl-$MgCl_2$-H_2O läßt sich der komplexe Prozeß der thermischen Zersetzung von Carnallit unter quasiisobaren Bedingungen ($p_W = 1$ Bar) simulieren (Emons und Fanghänel 1989).

In Abbildung 5.27 ist die Projektion des Phasendiagramms des Systems KCl-$MgCl_2$-H_2O im interessierenden Temperatur- und Konzentrationsbereich dargestellt. Eingetragen ist auch die Schnittlinie der Liquidusflächen mit der Fläche für $p_W = 1$ Bar. Während der thermischen Zersetzung des Carnallits muß sich die Zusammensetzung der flüssigen Phasen entlang dieser Schnittlinie bewegen, wenn man annimmt, daß alle Prozesse im Gleichgewicht ablaufen. Im wesentlichen beobachten wir unter Wasserabgabe fünf Teilschritte bei Anwesenheit von flüssiger Phase:

- Inkongruentes Schmelzen von Carnallit unter Bildung von festem $KCl_{(s)}$(*l*1),
- Auflösen von $KCl_{(s)}$ entlang $l1 \rightarrow l2$,
- Bildung von $1.5KCl*MgCl_2*2H_2O$ aus $KCl_{(s)}$ und flüssiger Phase (*l*2),
- Kristallisation von $1.5KCl*MgCl_2*2H_2O$ entlang $l2 \rightarrow l3$,
- Bildung von $KCl*MgCl_2*2H_2O$ aus $1.5KCl*MgCl_2*2H_2O$ und flüssiger Phase (*l*3), wobei die gesamte flüssige Phase aufgebraucht wird.

Bei der weiteren thermischen Zersetzung bei 1 Bar spielen dann nur noch fest-gas-Gleichgewichte und Hydrolyseprozesse eine Rolle.

Wird eine TG-Kurve (Thermogravimetrie) entsprechend dieser Teilschritte simuliert und mit den Experimenten zur thermischen Carnallit-Entwässerung (Emons et al. 1984) verglichen, so ergeben sich Differenzen insbesondere bei den Kurvenbereichen, die die invarianten Prozesse repräsentieren. Im Gegensatz dazu wird eine mit dem Experiment nahezu identische Abbaukurve als Resultat der Simulation erhalten, wenn angenommen wird, daß die den invarianten Gleichgewichten entsprechenden Reaktionen (Teilschritte 3 und 5) nur zu etwa

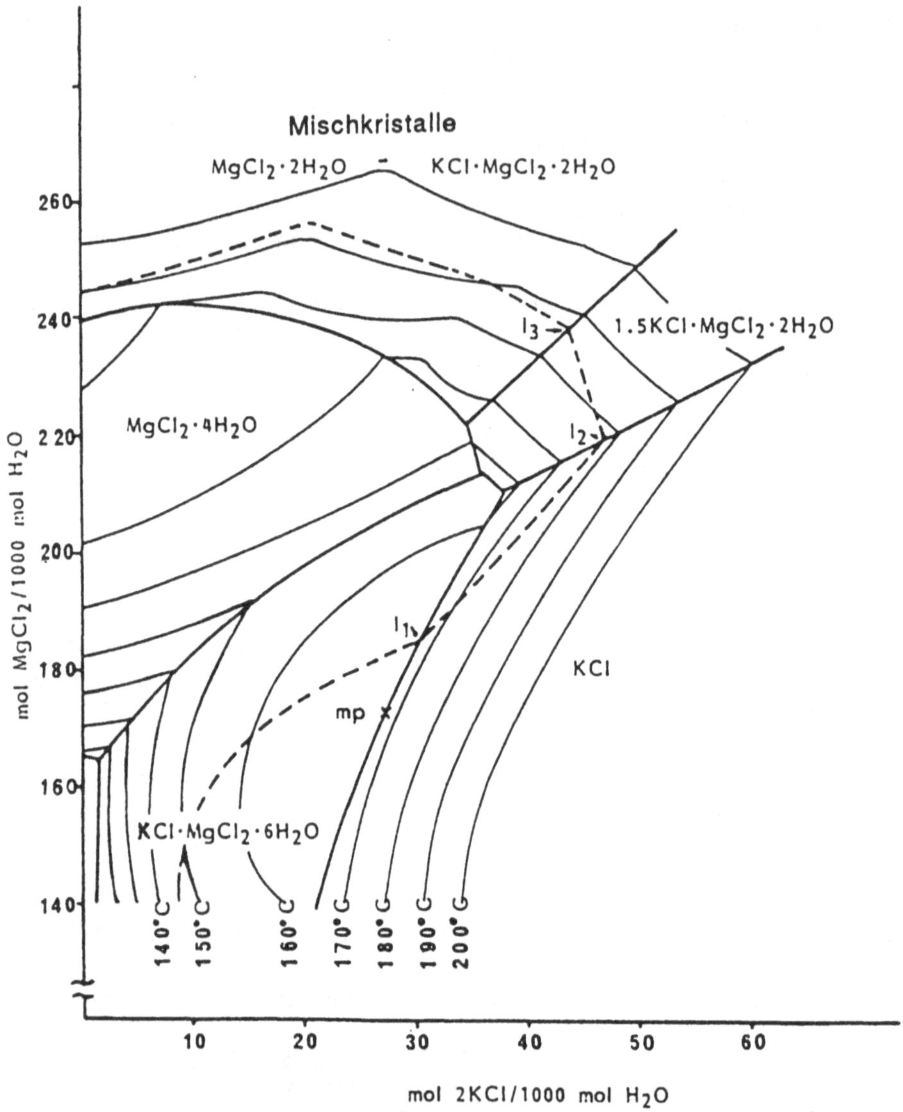

Abb. 5.27 Phasendiagramm des Systems KCl-$MgCl_2$-H_2O (Ausschnitt).
---- pW = 1 bar

⅔ ablaufen und nachfolgend Pseudogleichgewichte ausgebildet werden. Es wird bei der Simulation angenommen, daß sowohl KCl von $1.5KCl*MgCl_2*2H_2O$ als auch KCl und $1.5KCl*MgCl_2*2H_2O$ von $KCl*MgCl_2*2H_2O$ bzw. Mischkristallen umhüllt werden. Die Zahl der Teilschritte erhöht sich damit durch die Bildung von Mischkristallen.

In Abbildung 5.28 sind die experimentell ermittelte und die simulierte TG-Kurve miteinander verglichen. Beide Kurven sind nahezu identisch.

Ein derart komplexer Prozess wie die Carnallitentwässerung läßt sich dementsprechend

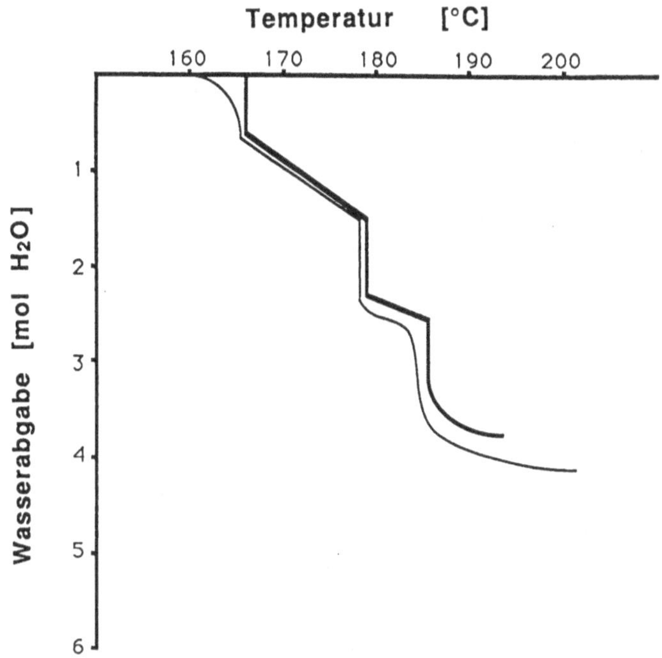

Abb. 5.28 TG-Kurven der thermischen Carnallitentwässerung.
——— experimentell ermittelt
▬▬▬ simuliert

mit diesen einfachen Annahmen bezüglich der Ausbildung von Pseudogleichgewichten quantitativ beschreiben.

Nichtgleichgewicht

Das System befindet sich nicht im Gleichgewicht. Der Zustand des Systems unterliegt einer zeitlichen Änderung. Durch eine Verlängerung der Gleichgewichtseinstellzeit sind in der Regel Gleichgewichte erreichbar.

Eine gewisse Sonderstellung nehmen die Ergebnisse zur Untersuchung der Bildung von Kieserit ($MgSO_4 {*} H_2O$) im reziproken System $Na^+, Mg^{2+}/Cl^-, SO_4^{2-}//H_2O$ ein. Wurden bei den experimentellen Untersuchungen des Kieseritstabilitätsgebietes in diesem reziproken System nicht Kieserit als stabile feste Phase sondern höhere $MgSO_4$-Hydrate vorgelegt, so ergaben sich deutlich höhere $MgSO_4$-Gehalte in der flüssigen Phase, als dies bei der Auflösung von Kieserit der Fall war (Ziegenbalg 1990).

Als Beispiel ist in Abbildung 5.29 die 120 °C-Isotherme des Systems $Na^+, Mg^{2+}/Cl^-, SO_4^{2-}//H_2O$ im Bereich der NaCl/Kieserit-Sättigung bei Vorlage von Kieserit und bei Vorlage höherer $MgSO_4$-Hydrate dargestellt.

Streng genommen, sind die Ergebnisse bei Vorlage höherer $MgSO_4$-Hydrate zu den Nichtgleichgewichten zu rechnen. Es ist weder ein stabiler noch ein metastabiler Gleichgewichtszustand erreicht. Die Geschwindigkeit der Gleichgewichtseinstellung geht jedoch gegen Null (innerhalb von mehreren Tagen liegt eine zeitliche Konstanz der Zusammensetzung vor),

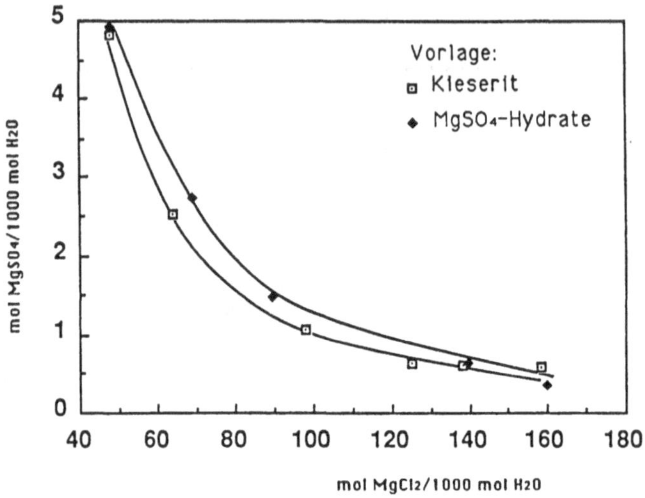

Abb. 5.29 120 °C-Isotherme des Systems Na^+, Mg^{2+}/Cl^-, $SO_4^{2-}//H_2O$ im Bereich der Kieserit/NaCl-Sättigung bei Vorlage von Kieserit und bei Vorlage höherer $MgSO_4$-Hydrate

so daß in vertretbaren Zeiten (Tagen bis Wochen) keiner dieser Zustände erreicht wird. Dadurch gelingt es, reproduzierbare (von der Zeit unabhängige) Zustände zu erreichen, die dann auch von Interesse z. B. für die Ableitung verfahrenstechnischer Parameter von Trennprozessen sind.

Die Ursache für die höheren $MgSO_4$-Gehalte der flüssigen Phase bei Vorlage höherer $MgSO_4$-Hydrate liegt in der strukturell bedingten kinetischen Hemmung der Kieseritbildung. Die entstandene feste Phase ist im wesentlichen ein im Kristallgitter stark gestörter Kieserit, der sehr feinkristallin gebildet wird. Dadurch erhält man – selbst bei der Filtration im Schwerefeld einer Zentrifuge – feste Phasen, die für eine weitere Charakterisierung nur ungenügend von der flüssigen Phase getrennt werden konnten. Eine anfänglich vermutete Doppelsalzbildung mit $MgCl_2$-Hydraten ließ sich nicht bestätigen. Die angefertigten Pulveraufnahmen sind mit denen des natürlichen Kieserits vergleichbar, zeigen in der Regel jedoch eine Reihe weiterer Interferenzen. Die molaren $H_2O/MgSO_4$-Verhältnisse der festen Phasen liegen deutlich über eins, sind jedoch nicht konstant. Dieser „Zwischenzustand" wurde in der Literatur als $MgSO_4{*}^5/_4H_2O$ charakterisiert. Die unter diesen Bedingungen gebildeten $MgSO_4$-Hydrate (z. B. mit der formalen Zusammensetzung $MgSO_4{*}^5/_4H_2O$) verhalten sich hinsichtlich ihres thermischen Abbaus jedoch nicht wie ein Salzhydrat. Das „überschüssige" Wasser wird bei isobarer Prozeßführung nicht in einer isothermen Stufe abgebaut, wie dies laut Phasenregel der Fall sein müßte. Eine nichtisotherme Stufe läßt sich nur durch die Anwesenheit von flüssiger Phase erklären. Für einen – z. B. inkongruenten – Schmelzprozeß ist der Temperaturbereich, in dem die H_2O-Abgabe stattfindet (Beginn bei 100...105 °C) jedoch wesentlich zu niedrig.

6. Die Anwendung des Ionen-Wechselwirkungsmodells (PITZER-Gleichung) zur Beschreibung und Vorausberechnung der Phasengleichgewichte

Von den im Abschnitt 4 diskutierten Modellen zur Beschreibung der fest-flüssig-Gleichgewichte von Salz-Wasser-Systemen bietet das PITZER-Modell zum gegenwärtigen Zeitpunkt die besten Voraussetzungen für eine Anwendung auch bei erhöhten Temperaturen.

Das quinäre System der ozeanischen Salze Na^+, K^+, Mg^{2+}/Cl^-, $SO_4^{2-}//H_2O$ besteht aus
- 6 binären,
- 9 ternären und
- 5 quaternären (davon 3 reziproken)

Randsystemen. Zur Beschreibung des quinären Systems mit der PITZER-Gleichung in einem weiten Temperaturbereich muß demzufolge die Temperaturabhängigkeit von insgesamt
- 19 Binär-Parametern $\beta^{(0)}$, $\beta^{(1)}$, $\beta^{(2)}$ und C^ϕ ($\beta^{(0)}$ nur für das System $MgSO_4$-H_2O)
- 4 Mischungsparametern θ_{ij} zur Beschreibung der Wechselwirkung zwischen gleichsinnig geladenen Ionen i und j und
- 9 Mischungsparametern $\psi_{i,j,k}$ zur Beschreibung der Triplett-Wechselwirkungen

bekannt sein. Die θ-Parameter, die die Kationen-Kationen-Wechselwirkung beschreiben, besitzen für zwei ternäre und θ_{Cl,SO_4} für drei ternäre Systeme gleichzeitig Gültigkeit, d. h. diese Parameter können streng genommen nur aus einem Overall-Fit der experimentellen Daten von zwei bzw. drei ternären Systemen ermittelt werden. Darüberhinaus wird die Temperaturabhängigkeit der chemischen Standardpotentiale der Spezies der flüssigen Phase ($K^+_{(aq)}$, $Na^+_{(aq)}$, $Mg^{2+}_{(aq)}$, $Cl^-_{(aq)}$, $SO_4^-{}_{(aq)}$, $H_2O_{(l)}$) sowie die Temperaturabhängigkeit der chemischen Standardpotentiale der mehr als 30 stabilen festen Phasen für eine modellmäßige Beschreibung benötigt. Zusammengestellt sind die festen Phasen des quinären Systems in Tabelle 6.1.

Anhand dieser Aufzählung wird deutlich, welche große Informationsmenge zur Verfügung stehen muß, um das quinäre System der ozeanischen Salze lückenlos und konsistent mit der PITZER-Gleichung (abgesehen von Einschränkungen, die sich durch den Gültigkeitsbereich des Modells ergeben) beschreiben zu können. Diese erforderliche Menge an Daten und Informationen steht nicht im vollen Umfang zur Verfügung. Darüberhinaus besitzen die bekannten Literaturdaten der einzelnen Systeme sehr unterschiedliche Genauigkeiten bzw. Sicherheiten. Besonders mit zunehmender Temperatur nehmen Datendichte sowie Zuverlässigkeit und Genauigkeit ab. Es wäre daher von vornherein keine reale Zielstellung gewesen, einen einheitlichen, umfassenden Parametersatz zur Beschreibung des quinären Systems in einem weiten Temperaturbereich aufstellen zu wollen. Einschränkungen und Vereinfachungen waren unumgänglich.

Tabelle 6.1
Feste Phasen im quinären System der ozeanischen Salze.

System	feste Phase
H_2O	Eis
$NaCl$-H_2O	$NaCl*H_2O$; $NaCl$
KCl-H_2O	$KCl*H_2O$; KCl
$MgCl_2$-H_2O	$MgCl_2*12H_2O$; $MgCl_2*8H_2O$; $MgCl_2*6H_2O$; $MgCl_2*4H_2O$; $MgCl_2*2H_2O$; [$MgCl_2*H_2O$]; [$MgCl_2$]
Na_2SO_4-H_2O	$Na_2SO_4*10H_2O$; ($Na_2SO_4*7H_2O$); Na_2SO_4
K_2SO_4-H_2O	$K_2SO_4*H_2O$; K_2SO_4
$MgSO_4$-H_2O	$MgSO_4*12H_2O$; $MgSO_4*7H_2O$; $MgSO_4*6H_2O$; ($MgSO_4*5H_2O$); ($MgSO_4*4H_2O$); $MgSO_4*H_2O$; [$MgSO_4$]
$NaCl$-KCl-H_2O	[$K_xNa_{(1-x)}Cl$]
$NaCl$-$MgCl_2$-H_2O	–
$NaCl$-Na_2SO_4-H_2O	–
KCl-$MgCl_2$-H_2O	$KCl*MgCl_2*6H_2O$; $1.5KCl*MgCl_2*2H_2O$; $KCl_x*MgCl_2*2H_2O$ $(0 < x < 1)$
KCl-K_2SO_4-H_2O	–
$MgCl_2$-$MgSO_4$-H_2O	–
Na_2SO_4-K_2SO_4-H_2O	$3Na_2SO_4*K_2SO_4$
Na_2SO_4-$MgSO_4$-H_2O	$Na_2SO_4*MgSO_4*4H_2O$; $Na_2SO_4*MgSO_4*2.5H_2O$; $3Na_2SO_4*MgSO_4$
K_2SO_4-$MgSO_4$-H_2O	$K_2SO_4*MgSO_4*6H_2O$; $K_2SO_4*MgSO_4*4H_2O$; $K_2SO_4*2MgSO_4$
$NaCl$-KCl-$MgCl_2$-H_2O	–
Na_2SO_4-K_2SO_4-$MgSO_4$-H_2O	–
$Na^+, K^+/Cl^-, SO_4^{2-}//H_2O$	
$Na^+, Mg^{2+}/Cl^-, SO_4^{2-}//H_2O$	$9Na_2SO_4*MgSO_4*3NaCl$
$K^+, Mg^{2+}/Cl^-, SO_4^{2-}//H_2O$	$4KCl*4MgSO_4*11H_2O$
$Na^+, K^+, Mg^{2+}/Cl^-, SO_4^{2-}//H_2O$	–

(Die festen Phasen wurden generell dem System mit der niedrigsten Komponentenzahl zugeordnet. Die in den binären Systemen nur metastabil auftretenden festen Phasen wurden in runde Klammern gesetzt. Feste Phasen, deren Stabilität im wässrigen fest-flüssig-System bisher nicht untersucht wurde, stehen in eckigen Klammern.)

Abgeleitet wurde ein Parametersatz für das quinäre System der ozeanischen Salze mit einer Temperaturobergrenze von etwa 140 °C und ein Parametersatz für das quaternäre System $NaCl$-KCl-$MgCl_2$-H_2O im Temperaturbereich von etwa 120 bis oberhalb 200 °C.

6.1. Parametersatz für das quinäre System bei Temperaturen bis 150 °C

Zur Ermittlung eines geeigneten Parametersatzes wurde sowohl auf bekannte Wechselwirkungskoeffizienten zurückgegriffen als auch Parameter neu abgeleitet.

Die Bestimmung der Wechselwirkungskoeffizienten erfolgte ausschließlich auf der Basis von Angaben zu den fest-flüssig-Gleichgewichten im Temperaturbereich 50–150 °C. Waren ausreichend Daten vorhanden, erfolgte die Ermittlung der ternären Wechselwirkungs-Koeffizienten prinzipiell anhand der Daten der ternären Systeme. Nur in einigen Fällen mußte auf Daten höherer Systeme zurückgegriffen werden. Analog wurden die Gleichgewichtskonstanten für die festen Phasen (K_L) aus den Angaben zu den fest-flüssig-Gleichgewichten ermittelt.

Detailliert ist die Vorgehensweise zur Ermittlung des Parametersatzes von ZIEGENBALG (1990) beschrieben.

Mit dem ermittelten Parametersatz erfolgte eine Vorausberechnung der fest-flüssig-Phasengleichgewichte des quinären Systems der ozeanischen Salze. Recht gute Übereinstimmung zwischen den berechneten und den experimentellen Ergebnissen wurde bei 90 und 120 °C erreicht, wobei mit steigender Temperatur die Abweichungen der Berechnungen vom Experiment deutlich zunehmen. In den Abbildungen 6.1 und 6.2 sind die Ergebnisse für beide Isothermen bei Sättigung an NaCl dargestellt.

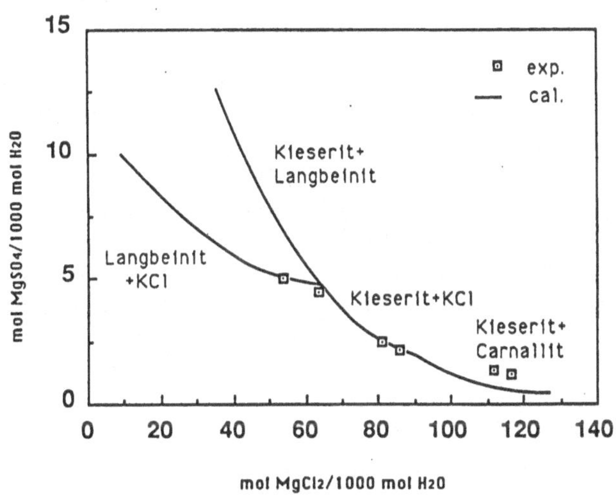

Abb. 6.1 90 °C-Isotherme des Systems Na^+, Mg^{2+}/Cl^-, $SO_4^{2-}//H_2O$. Vergleich der experimentell ermittelten und berechneten Gleichgewichte

Keine befriedigenden Ergebnisse wurden bei 140 °C erzielt. Insbesondere traten im Bereich niedriger $MgCl_2$-Konzentrationen für die $MgSO_4$-haltigen festen Phasen große Abweichungen zwischen Experiment und Berechnung auf. Die Ursachen dafür liegen vor allem in den Ungenauigkeiten der ermittelten Wechselwirkungs-Koeffizienten und Löslichkeitsprodukte, insbesondere für die SO_4^{2-}-haltigen Systeme und nicht in einer Gültigkeitsgrenze des Modells, wie im folgenden Abschnitt gezeigt werden wird.

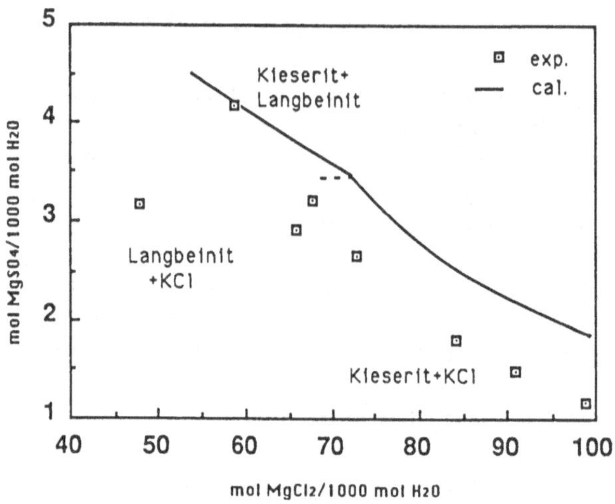

Abb. 6.2 120 °C-Isotherme des Systems Na^+, Mg^{2+}/Cl^-, $SO_4^{2-}//H_2O$. Vergleich der experimentell ermittelten und berechneten Gleichgewichte

6.2. Parametersatz für das quaternäre, sulfatfreie System für den Temperaturbereich 120–200 °C

Mit dem im vorhergehenden Abschnitt ermittelten Parametersatz ergeben sich bei 140 °C ebenfalls größere Abweichungen für das quaternäre System NaCl-KCl-$MgCl_2$-H_2O. Auch die von PABALAN und PITZER (1987) publizierten Parameter (bzw. die Funktionen für die Temperaturabhängigkeit der Parameter) beschreiben die experimentell ermittelten Phasendiagramme nicht. So wird insbesondere die Form der KCl-Isothermen (Parabeln) im System KCl-$MgCl_2$-H_2O nicht richtig wiedergegeben. Bereits bei niedrigen $MgCl_2$-Gehalten (< 30 mol/1000 mol H_2O) sind die mit diesem Parametersatz berechneten KCl-Gehalte der KCl-gesättigten flüssigen Phasen deutlich zu gering (Abweichungen > 10 %). Mit zunehmender $MgCl_2$-Konzentration vergrößern sich diese Abweichungen.

Der Parameter θ_{MgK} wurde bisher (auch von PABALAN und PITZER) gleich Null gesetzt. Ausführliche isopiestische Messungen im reziproken System Mg^{2+}, K^+/Cl^-, $Br^-//H_2O$ bei 100,3 °C (FANGHÄNEL und GRJOTHEIM 1990; FANGHÄNEL et al. 1991) haben gezeigt, daß θ_{MgK} ungleich Null ist. Beim Fit der experimentell ermittelten osmotischen Koeffizienten ergibt sich kein signifikanter Wert für θ_{MgK}, so daß θ_{MgK} aus diesem Grund Null gesetzt werden mußte.

Eine mögliche Ursache dafür könnte z. B. die Tatsache sein, daß die mit diesem Parameter beschriebenen Wechselwirkungen nicht als ionenstärkeunabhängig betrachtet werden können. Folglich wurde die Abhängigkeit von θ von der Ionenstärke eingeführt. Gewählt wurde eine einfache lineare Abhängigkeit, wie sie von RARD (1982) beschrieben wurde. Für die Mischungsparameter ergeben sich folgende Gleichungen:

$$\Phi_{ij}^{\phi} = {}^{S}\theta_{ij} + 2I\,{}^{S}\theta'_{ij} + {}^{E}\theta_{ij}(I) + I\,{}^{E}\theta'_{ij}(I) \quad (6.1)$$

$$\Phi_{ij} = {}^{S}\theta_{ij} + I\,{}^{S}\theta'_{ij} + {}^{E}\theta_{ij}(I) \quad (6.2)$$

$$\Phi'_{ij} = {}^{S}\theta'_{ij} + {}^{E}\theta_{ij}(I) \quad (6.3)$$

${}^S\theta_{ij}$ und ${}^S\theta'_{ij}$ sind dementsprechend die adjustierbaren Parameter. Die Gleichungen (6.1) bis (6.3) werden in die Gleichungen (3.14) und (3.15) eingeführt. Sie bilden die Basis für die im weiteren ausgeführten Berechnungen.

Parametersatz

Binäre Parameter $\beta^{(0)}$, $\beta^{(1)}$, C^{ϕ}

Für das System $MgCl_2$-H_2O wurden die von VALYASHKO et al. (1988) publizierten Parameter, für NaCl-H_2O und KCl-H_2O die Kompilationen von PITZER et al. (1984) bzw. HOLMES und MESSMER (1983) genutzt.

Löslichkeitskonstanten

Die Löslichkeitskonstanten für NaCl und KCl wurden aus den gefitteten Löslichkeitsdaten der binären Randsysteme (DITTRICH 1984) und den genannten Kompilationen zur Berechnung der Aktivitätskoeffizienten ermittelt, während $\ln K_L$ (Carnallit) sich aus dem Fit der Löslichkeitsdaten im ternären System KCl-$MgCl_2$-H_2O ergab (adjustierbarer Parameter).

Mischungsparameter ${}^S\theta_{ij}$, ${}^S\theta'_{ij}$, ψ_{ijk}

Für alle drei ternären Randsysteme wurden die Mischungsparameter aus den fest-flüssig-Phasendiagrammen mittels nichtlinearer Regression gefittet (Minimierung der Differenz zwischen den im ternären System berechneten und den aus den binären Randsystemen ermittelten Löslichkeitskonstanten). Für die Bestimmung von ${}^S\theta_{MgK}$, ${}^S\theta'_{MgK}$ und ψ_{MgKCl} wurden die im Punkt 5.3.2. dargelegten Phasengleichgewichte herangezogen. Dem Phasendiagramm des Systems NaCl-$MgCl_2$-H_2O liegen die Angaben von D'ANS und SYPIENA (1942) und dem des Systems NaCl-KCl-H_2O die von ACHUMOV und VASILIEV (1936) zugrunde. Es wurden nur Daten bis zu einer maximalen $MgCl_2$-Konzentration von 160 mol/1000 mol H_2O für die Regression verwendet.

Alle Parameter und Löslichkeitskonstanten sowie die Werte für den Debye-Hückel-Parameter A^{ϕ} (SILVESTER und PITZER 1977) sind für den Temperaturbereich 100–250 °C in Tabelle 6.2 zusammengefaßt.

Die Phasengleichgewichte der ternären Randsysteme werden mit diesen Parameter mit guter Genauigkeit (maximale Abweichungen $< 5\,\%$) beschrieben. Besonders im System KCl-$MgCl_2$-H_2O bringt die Einführung der Ionenstärkeabhängigkeit des Mischungsparameters θ deutliche Verbesserungen, insbesondere bei Temperaturen < 170 °C.

Die bessere Beschreibung der experimentellen Ergebnisse ist dabei nicht vorrangig auf die Erhöhung der Zahl der adjustierbaren Mischungsparameter von zwei auf drei zurückzuführen. Für $\psi_{MgKCl} = 0$ (und demzufolge mit nur zwei adjustierbaren Mischungsparametern ${}^S\theta_{MgK} = {}^S\theta'_{MgK}$) ergibt sich eine analog gute Beschreibung der Experimente, wie bei der Anwendung von drei Mischungsparametern (kein signifikanter Unterschied in der Standardabweichung). In beiden Fällen sind die maximalen Abweichungen der berechneten von den experimentell ermittelten Isothermen $< 2\,\%$, während sich bei Vernachlässigung der Ionenstärkeabhängigkeit von θ Abweichungen $> 10\,\%$ ergeben. Die Verbesserungen sind also deutlich auf die Einführung der Ionenstärkeabhängigkeit von θ zurückzuführen.

Im System NaCl-$MgCl_2$-H_2O wurde ψ_{MgNaCl} gleich Null gesetzt. Hier ist die Ionenstärkeabhängigkeit von θ deutlich geringer als im System KCl-$MgCl_2$-H_2O. Eine analog gute

Tabelle 6.2
Parametersatz für das quaternäre System $NaCl-KCl-MgCl_2-H_2O$.

ϑ °C	$A\phi$	ln K_L (KCl)	ln K_L (NaCl)	ln K_L (Car.)	${}^s\Theta_{MgK}$	${}^s\Theta'_{MgK}$	ψ_{MgKCl}	${}^s\Theta_{MgNa}$	${}^s\Theta'_{MgNa}$	${}^s\Theta_{KNa}$	ψ_{MgKCl}
100	0,4603	3,0639	3,6285	–	–	–	–	–	–	–	–
110	0,4725	3,1100	3,5815	–	–	–	–	–	–	–	–
120	0,4855	3,1410	3,5261	9,9711	0,0885	−0,00883	−0,00305	0,0657	−0,00532	−0,0442	0,00433
130	0,4992	3,1584	3,4633	9,8155	0,0931	−0,00947	−0,00064	–	–	–	–
140	0,5137	3,1627	3,3927	9,6478	0,0860	−0,00862	−0,00052	0,0711	−0,00511	−0,0473	0,00478
150	0,5291	3,1538	3,3138	9,4634	0,0538	−0,00789	0,00292	–	–	–	–
160	0,5454	3,1324	3,2268	9,2393	0,0159	−0,00753	0,00750	0,0665	−0,00436	−0,0505	0,00523
170	0,5627	3,0983	3,1311	–	0,0041	−0,00645	0,00781	–	–	–	–
180	0,5810	3,0519	3,0271	–	−0,0188	−0,00662	0,01059	0,0520	−0,00334	−0,0536	0,00568
200	0,6212	2,9194	2,7906	–	−0,0438	−0,00509	0,01049	0,0479	−0,00270	−0,0568	0,00613
220	0,6670	2,7301	2,5130	–	−0,0589	−0,00372	0,00947	0,0365	−0,00185	–	–
250	0,7505	2,3142	2,0044	–	−0,0787	0,00045	0,00156	–	–	–	–

$${}^s\Theta_{KNa} = 0{,}017926 - 1{,}579\,10^{-4}\,T$$

$${}^s\psi_{KNaCl} = -0{,}0045185 + 2{,}2514\,10^{-5}\,T$$

Beschreibung kann erzielt werden, wenn die Ionenstärkeabhängigkeit von θ vernachlässigt wird (${}^S\theta \neq 0$; $\psi \neq 0$; ${}^S\theta' = 0$). In dieser Weise wurde für die Mischungsparameter des Systems NaCl-KCl-H_2O verfahren.

Einfache lineare Zusammenhänge für die Temperaturabhängigkeit der Mischungsparameter ergaben sich nur für θ_{KNa} und ψ_{KNaCl}. Alle anderen Mischungsparameter zeigen Extremwerte in der Temperaturabhängigkeit. Auffällig ist, daß sich diese Extremwerte bei etwa 135 °C ergeben.

Mit dem ermittelten Parametersatz wurden ausgewählte Bereiche des Phasendiagramms des quaternären Systems NaCl-KCl-$MgCl_2$-H_2O vorausberechnet. Die Projektion der Isothermen bei 120, 140 und 160 °C auf die $MgCl_2$-2KCl-Ebene ist in Abbildung 6.3 dargestellt.

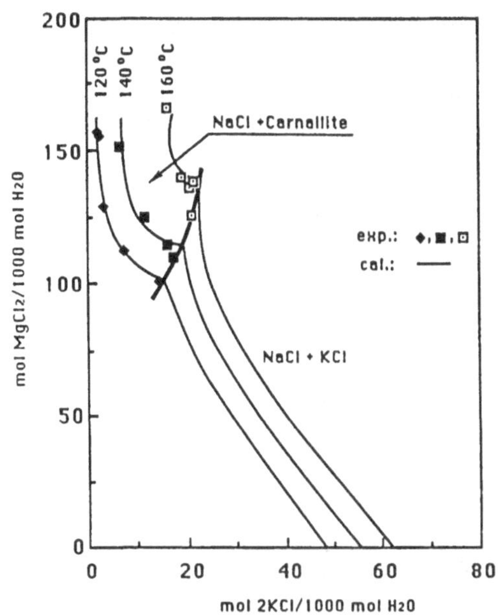

Abb. 6.3 System NaCl-KCl-$MgCl_2$-H_2O. Vergleich der berechneten und der experimentell ermittelten Gleichgewichte bei 120, 140 und 160 °C

Sehr gute Übereinstimmung ergibt sich zwischen den berechneten und den experimentell ermittelten KCl-Gehalten der flüssigen Phase bei NaCl-Sättigung. Etwas größere Abweichungen zeigen die NaCl-Gehalte im Bereich hoher $MgCl_2$-Konzentrationen. Es wurden generell um etwa 1 mol 2NaCl/1000 mol H_2O zu hohe NaCl-Konzentrationen berechnet. Dies sind im Bereich hoher $MgCl_2$-Konzentrationen zwar relativ hohe Fehler (infolge der geringen NaCl-Löslichkeit in diesem Bereich), absolut sind die Fehler jedoch gering.

Der in Tabelle 6.2 enthaltene Parametersatz gestattet somit die Vorausberechnung der fest-flüssig-Phasengleichgewichte des Systems NaCl – KCl – $MgCl_2$ – H_2O im Temperaturbereich von etwa 120–200 °C. Einschränkungen ergeben sich nur für den $MgCl_2$-Konzentrationsbereich. Entsprechend dem verwendeten Datensatz für die Ermittlung der Mischungsparameter sollten sich Vorausberechnungen auf $MgCl_2$-Konzentrationen < 160 mol/1000 mol H_2O beschränken.

7. Diskussion von Struktur-Eigenschafts-Beziehungen im Bereich der Hydratschmelzen

Der Konzentrationsbereich der Hydratschmelzen (molares Wasser-Salz-Verhältnis von etwa 4 bis 9) ist durch das Vorherrschen der Ion-Wasser-Wechselwirkung gekennzeichnet (EMONS et al. 1986; VOIGT 1986). Thermodynamische Eigenschaften erfahren in diesem Konzentrationsbereich starke Änderungen. So steigt z. B. die Verdampfungsenthalpie des Wassers sehr stark an (EMONS et al. 1986). Mehr oder minder stark setzt in diesem Konzentrationsbereich auch die Konkurrenz zwischen Anionen und Wassermolekülen um Koordinationsplätze am Kation ein. Es ergibt sich die Frage, inwieweit sich diese Wechselwirkungen im Phasendiagramm widerspiegeln.

Im fest-flüssig-Phasendiagramm des Systems KCl-$MgCl_2$-H_2O ist eine Eigenschaft besonders auffällig. Die KCl-Isothermen bei Temperaturen oberhalb der des inkongruenten Schmelzpunktes von Carnallit (167 °C) haben ein ausgeprägtes Minimum bezüglich der KCl-Löslichkeit. Als Beispiel ist in Abbildung 7.1 die 170 °C-Isotherme dargestellt. Die KCl-Löslichkeit nimmt dabei bei hohen $MgCl_2$-Konzentrationen so stark zu, daß die folgenden Eigenheiten beobachtet werden.

Setzt man zu einer KCl-gesättigten flüssigen Phase mit molaren $H_2O/MgCl_2$-Verhältnissen $R_H < 6$ eine begrenzte Menge H_2O zu, so muß KCl kristallisieren, d. h. ein leichtlösliches Salz wie KCl kann durch H_2O-Zusatz „ausgefällt“ werden. Dieses Ergebnis ist zunächst überraschend. Die niedrigste $MgCl_2$-Konzentration, bei der dieses Phänomen zu beobachten ist, ist durch den Berührungspunkt der Tangente gegeben, die die Wasser-Ecke schneidet (Abb. 7.1).

Zwei gegenläufige Effekte sind für dieses Verhalten verantwortlich. Für molare $H_2O/MgCl_2$-Verhältnisse $R_H > 6$ führt eine Zunahme der $MgCl_2$-Konzentration zur Verringerung der KCl-Löslichkeit. Das stärker hydratisierende Salz $MgCl_2$ konkurriert mit KCl um das Wasser zur Hydratation. Im Bereich $R_H < 6$ tritt mehr und mehr die direkte Wechselwirkung zwischen den Salzkomponenten in den Vordergrund. Gleichgewichte wie

$$[Mg(H_2O)_6]^{2+} + n\,Cl^- \leftrightarrow [Mg(H_2O)_{6-n}Cl_n]^{2-n} + n\,H_2O \qquad \text{(VII.I)}$$

bilden sich aus. KCl wirkt als Cl^--Donator. Dies führt zu einem löslichkeitserhöhenden Effekt. Beide Effekte kompensieren sich im Bereich des Löslichkeitsminimums.

Dieses Verhalten korreliert auch mit anderen experimentellen Befunden im System KCl-$MgCl_2$-H_2O. So steigt beispielsweise die Wasseraktivität beim Zusatz von KCl zu einer $MgCl_2$-Hydratschmelze mit molaren $H_2O/MgCl_2$-Verhältnissen $R_H < 6$ an (EMONS et al. 1987; DITTRICH 1986), d. h. eine Erhöhung des Gesamtsalzgehaltes führt zu einer Erhöhung der Wasseraktivität bzw. des Dampfdruckes der Hydratschmelze.

Gleichgewichte, wie in Gleichung (VII.I) formuliert, wirken sich auch auf den Einfluß

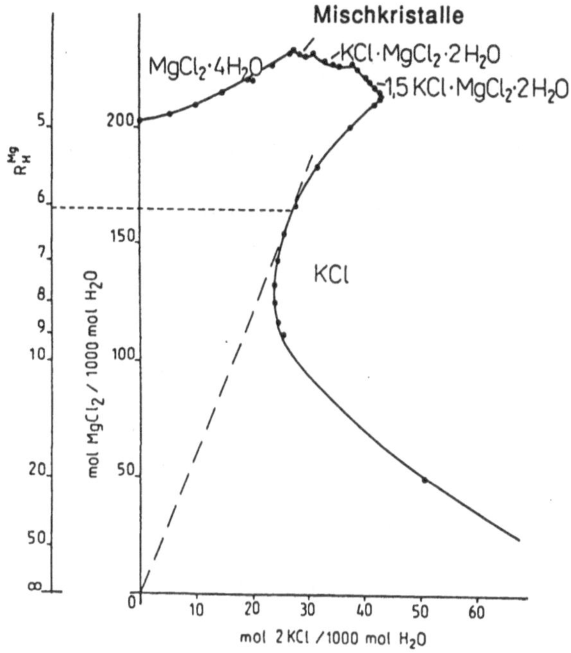

Abb. 7.1 170 °C-Isotherme des Systems KCl-$MgCl_2$-H_2O

von NaCl auf die KCl- bzw. Carnallitlöslichkeit im quaternären System NaCl-KCl-$MgCl_2$-H_2O aus.

Im Bereich geringer $MgCl_2$-Konzentrationen (< 160 mol $MgCl_2$/1 000 mol H_2O) führt der Zusatz von NaCl zum ternären System KCl-$MgCl_2$-H_2O zu einem Aussalzeffekt, bedingt durch die Konkurrenz um das Wasser zur Hydratation. Mit zunehmendem $MgCl_2$-Gehalt in der flüssigen Phase nimmt dieser Aussalzeffekt (Verringerung der KCl-Löslichkeit durch NaCl-Zusatz) ab. Im Carnallitfeld ist nur noch eine sehr geringe Wirkung des NaCl-Zusatzes feststellbar. Im Bereich hoher $MgCl_2$-Konzentrationen (> 166 mol $MgCl_2$/1 000 mol H_2O) wird dieser Aussalzeffekt mehr und mehr durch die direkte Wechselwirkung der Salzkomponenten kompensiert, so daß in diesem Bereich kein Einfluß auf die KCl- bzw. Carnallitlöslichkeit erkennbar ist. Im Bereich > 200 mol $MgCl_2$/1 000 mol H_2O deutet sich eine Zunahme der KCl-Löslichkeit, vor allem im Stabilitätsbereich der Doppelsalze (z. B. $1.5KCl*MgCl_2*2H_2O$) an. Dieser Bereich wurde jedoch nicht näher untersucht.

Auswirkungen zeigen diese Gleichgewichte auch auf die Modellierung der Phasendiagramme bei Anwendung der PITZER-Gleichung. Wie bereits diskutiert, wird die Form der KCl-Isothermen (Parabelform) mit der PITZER-Gleichung mit ionenstärkeunabhängigen Mischungsparametern nicht richtig wiedergegeben. Es besteht ein direkter Zusammenhang zwischen Isothermenform und Gleichgewichten entsprechend Gleichung (VII.I). Wird das KCl durch ein anderes Alkalimetallchlorid, z. B. durch NaCl ersetzt, welches nur viel schwächer als Chloriddonator (höheres Ionenpotential des Na gegenüber K) agieren kann, verschiebt sich das Gleichgewicht stark nach links, d. h. die direkte Ion-Ion-Wechselwirkung ist weitaus schwächer ausgeprägt. In solchen Fällen zeigen auch die Isothermen eine andere

Form. So sind die NaCl-Isothermen im System NaCl-$MgCl_2$-H_2O Hyperbeln, wobei die NaCl-Löslichkeit mit steigender $MgCl_2$-Konzentration im Anfangsbereich viel stärker abnimmt, als die KCl-Löslichkeit im System KCl-$MgCl_2$-H_2O. Die fest-flüssig-Gleichgewichte im System NaCl-$MgCl_2$-H_2O werden demzufolge auch weitaus besser mit dem Ion-Wechselwirkungsmodell (ohne Einführung von Assoziationsgleichgewichten) beschrieben.

Wird $MgCl_2$ durch ein anderes stark hydratisierendes Salz ersetzt, so ergeben sich ähnliche Verhältnisse, wie im System KCl-$MgCl_2$-H_2O. Beispielsweise zeigen die KCl-Isothermen in den Systemen
- KCl-$CaCl_2$-H_2O
- KCl-$CoCl_2$-H_2O und
- KCl-LiCl-H_2O

ebenfalls ausgeprägte Minima (LIGHTFOOT und PRUTTON 1946, 1947; COHEN-ADAD und SAID 1967; SAID 1971; ASSARSSON 1950; PELSH 1973).

In allen drei Systemen sind flüssige Phasen stabil, bei denen durch Wasser-Zusatz KCl auskristallisiert werden kann. In Abbildung 7.2 sind die molaren Wasser/stärker hydratisierendes Salz-Verhältnisse R_H der Berührungspunkte der Tangenten (analog zum System $KCl - MgCl_2 - H_2O$) für alle vier ternären Salz-Wasser-Systeme bei verschiedenen Temperaturen dargestellt.

Die mittleren R_H-Werte korrelieren dabei mit der Koordinationszahl des stärker hydratisierenden Kations. Für das bereits ausführlich behandelte $MgCl_2$-System ergibt sich ein schmales Konzentrationsintervall bei $R_H \sim 6$. Das gleiche gilt für das LiCl-System, hier allerdings bei $R_H \sim 4$. Im $CaCl_2$-System ergeben sich deutlich höhere Wassergehalte, $R_H \sim 8$, und ein größeres Konzentrationsintervall im Vergleich zum LiCl- und $MgCl_2$-System. Im $CoCl_2$-System ist das Konzentrationsintervall noch größer, hierbei aber wiederum bei R_H-Werten um 6.

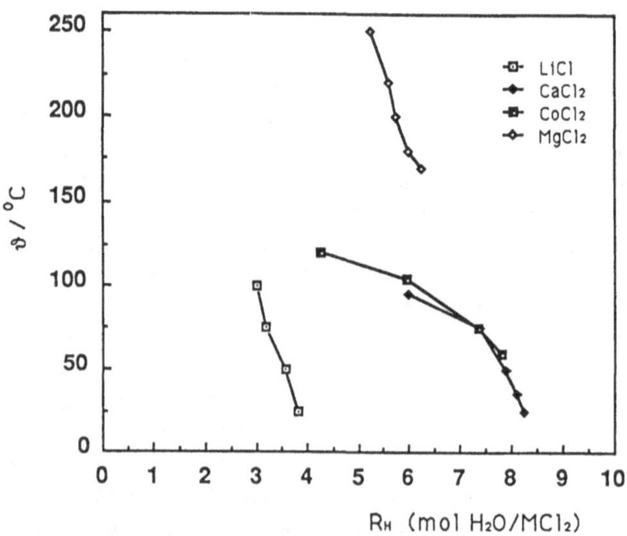

Abb. 7.2 R_H-Werte am Berührungspunkt der Tangente bei verschiedenen Temperaturen in den Systemen KCl-MCl_2-H_2O (M = Li_2, Mg, Ca, Co)

Von Einfluß auf dieses Verhalten sind neben der Stärke der Ion-Wasser-Wechselwirkung auch die Tendenz zur Komplexbildung, die bei den in Betracht gezogenen Systemen beim Cobalt sicher am stärksten ausgeprägt ist (d-Orbitale). Die Bildung der Chlorokomplexe läßt sich im konkreten Fall leicht durch den Farbwechsel von rot nach blau nachweisen, wenn zu einer $CoCl_2$-Hydratschmelze KCl zugesetzt wird.

Die Kompensation der gegenläufig wirkenden Effekte ist relativ temperaturunabhängig für Systeme mit geringer Tendenz zur Komplexbildung (LiCl, $MgCl_2$) im Gegensatz zu einer deutlichen Verschiebung des Konzentrationsbereiches zu niedrigeren Wassergehalten bei Temperaturerhöhung in Systemen mit typischen Komplexbildnern ($CoCl_2$).

8. Ableitung neuer Möglichkeiten zur Ermittlung von fest-flüssig-Gleichgewichten von Salz-Wasser-Systemen unter extremen Bedingungen

Anhand der experimentellen Ergebnisse wird deutlich, daß im Hochtemperaturbereich der Phasendiagramme sehr komplizierte Verhältnisse insbesondere durch die Stabilität neuer, bisher unbekannter fester Phasen (z. B. Doppelsalzhydrate, Mischkristalle) auftreten können. Dies erschwert einerseits die Experimente bzw. erhöht den experimentellen Aufwand wesentlich und zwingt andererseits zu einem Wechselspiel zwischen Experiment und Vorhersage, d. h. es wird die Frage aufgeworfen, inwieweit durch eine sinnvolle Kombination von Modellrechnung und Experiment der experimentelle Aufwand wesentlich gesenkt werden kann, bzw. inwieweit Informationen zu den fest-flüssig-Gleichgewichten in für das Experiment schwer zugänglichen Bereichen (sehr hohe Temperaturen) durch Simulation abgeleitet werden können. Wesentliche Voraussetzungen dafür sind neben geeigneten Modellen zur Beschreibung der Exzessgrößen der flüssigen Mischphase Informationen zu den festen Phasen. Dabei sind insbesondere zwei Probleme von besonderer Bedeutung:

1. Welche festen Phasen sind im betrachteten pTx-Raum stabil und
2. wie groß ist der Wert für das chemische Potential (Löslichkeitskonstante) der entsprechenden festen Phase.

Möglichkeiten zur Bestimmung und Berechnung der Löslichkeitskonstanten wurden im Abschnitt 4.3. aufgezeigt.

Für die Untersuchung der Stabilität der festen Phasen, insbesondere von Salz- und Doppelsalzhydraten sollte der Bereich des Phasendiagramms unterhalb der Liquiduskurven bzw. -flächen geeignet sein. Betrachtet man den Wasserdampfdruck in Abhängigkeit der Bruttozusammensetzung eines binären Salz-Wasser-Systems, so ergibt sich das in Abbildung 8.1 dargestellte Bild, wobei – im konkreten Fall – neben dem wasserfreien Salz S zwei weitere feste Phasen – die Salzhydrate SH1 und SH2 – existieren.

Der Dampfdruck des reinen Wassers nimmt bei Salzzusatz bis zum Erreichen der gesättigten Lösung (x_{sat}) ab.

Eine weitere Erhöhung des Gesamtsalzgehaltes hat die Bildung des Salzhydrats SH1 bei konstantem Druck zur Folge. Das System ist invariant. Der Dampfdruck ändert sich erst wieder, wenn alles Wasser zur Bildung des festen Salzhydrats SH1 aufgebraucht ist. Konstanter Druck ergibt sich erneut, wenn sich SH1 und SH2 im Gleichgewicht befinden usw. Feste Phasen eines Salz-Wasser-Systems sind dementsprechend bei konstanter Temperatur in einem definierten Intervall des Wasserdampfdrucks stabil. Diese Eigenschaft sollte sich gezielt zur Untersuchung der Stabilität bzw. zur Präparation von Salz- und Doppelsalzhydraten ausnutzen lassen. Zwei experimentelle Möglichkeiten seien als Beispiele aufgeführt.

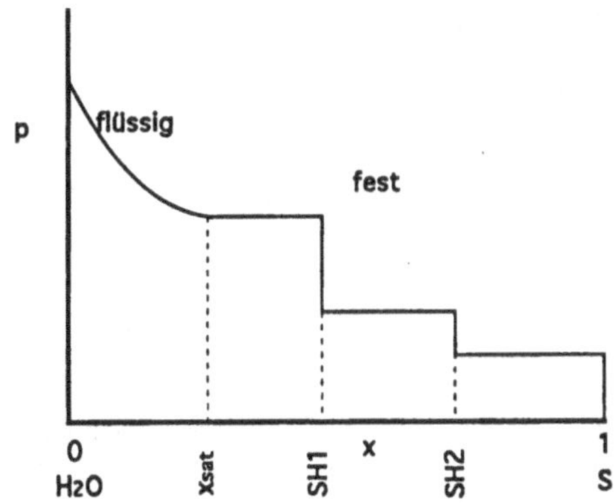

Abb. 8.1 Dampfdruck-Zusammensetzungs-Diagrammm eines binären Salz-Wasser-Systems bei konstanter Temperatur (schematisch)

a) Bei einem isotherm invarianten Gleichgewicht (horizontale Abschnitte in Abb. 8.1) befinden sich zwei im Phasendiagramm benachbarte feste Phasen im Gleichgewicht (Abb. 8.2). Bringt man eine Mischung der Zusammensetzung x_1 bei der Temperatur T_1 ins Gleichgewicht, werden sich die beiden festen Phasen $MX_2{*}n\,H_2O$ und $MX_2{*}m\,H_2O$ bilden, unabhängig davon, welche Substanzen eingesetzt wurden, um die Mischung der Zusammensetzung x_1 zu erzeugen (unter der Voraussetzung, daß die Reaktionen kinetisch nicht gehemmt sind). Befinden sich in einem geschlossenen System bei konstanter Temperatur zwei Gefäße, eines

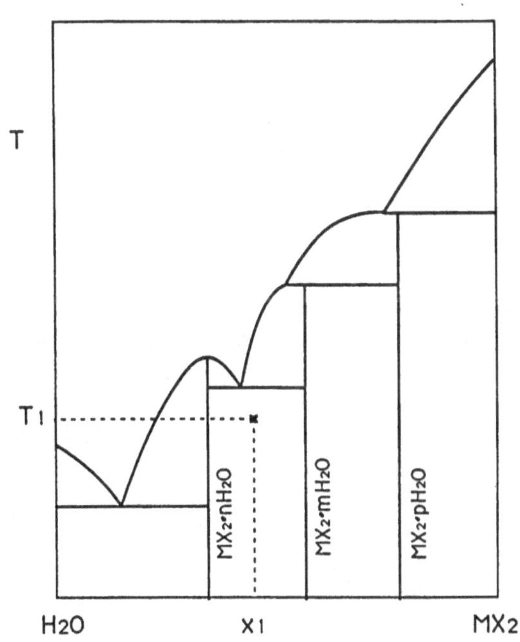

Abb. 8.2 Phasendiagramm eines binären Salz-Wasser-Systems (schematisch)

gefüllt mit MX_2*nH_2O und das andere mit MX_2*pH_2O, so besteht zwischen diesen Phasen kein Gleichgewicht. Eine der beiden Phasen (abhängig vom Mengenverhältnis) wird zugunsten von MX_2*mH_2O vollständig aufgebraucht. Auf diese Weise ist es möglich, reines MX_2*mH_2O zu präparieren und gleichzeitig nachzuweisen, daß MX_2*mH_2O stabil ist. Erfolgreich wurde dieser Präparationsweg (und damit die Untersuchung der Stabilität) zur Darstellung des $CaCl_2$* ⅓ H_2O von SINKE et al. (1985) und unlängst von uns zur Darstellung von $MgCl_2$*H_2O (PÄTZOLD 1990) angewendet. Parallel dazu wurde festgestellt, daß niedrigere Hydrate als $MgCl_2$*H_2O im untersuchten Temperaturbereich – im Gegensatz zu anderen Erdalkalimetallchloriden – nicht existieren.

b) Erhöht man schrittweise den Wasserdampfdruck bei konstanter Temperatur über dem zu untersuchenden wasserfreien Salz und verfolgt man dabei die Masseänderung der festen Phase, so sollten sich alle in Abbildung 8.2 dargestellten Stufen realisieren lassen. Durch Abbruch des Experiments an geeigneter Stelle ist das entsprechende Salzhydrat zugänglich. Ausgeführt werden könnten solche Untersuchungen z. B. mit einer „bithermalen Thermowaage".

Generell lassen sich solche Methoden auch auf Doppelsalzhydrate übertragen. Dazu ist es allerdings erforderlich, geeignete pseudobinäre Schnitte in dem entsprechenden ternären Salz-Wasser-System auszuwählen, d. h. die Invarianz des Systems wird durch das Festlegen des Salz/Salz-Verhältnisses erzeugt. Zu beachten ist allerdings, daß diese Bedingungen in der Regel nur in Teilbereichen realisierbar sind, d. h. das Pseudosystem ist außerhalb dieser Bereiche nicht existent. Als Beispiel dafür sei das inkongruente Lösen eines Doppelsalzes aufgeführt.

Für die auf diese Weise ermittelten isotherm invarianten fest-gas-Gleichgewichte kann durch die Bestimmung der zugehörigen Dampfdrucke die Reaktionsgröße und daraus das chemische Potential des unbekannten Salz- bzw. Doppelsalzhydrates ermittelt werden (Abschnitt 4.3.). Methodisch läßt sich dies unter Umständen mit den Stabilitätsuntersuchungen (Präparation) kombinieren. Es ergibt sich nun die Frage, inwieweit dieser Weg sinnvolle Aussagen zu den fest-flüssig-Gleichgewichten zuläßt. Die Frage ist vor allem dadurch bedeutungsvoll, daß Differenzen großer Größen in die Berechnungen eingehen.

Am Beispiel der 200 °C-Isotherme des Systems KCl-$MgCl_2$-H_2O wird im folgenden aufgezeigt, wie durch das Nutzen von Informationen zum Doppelsalzhydrat KCl*$MgCl_2$*2H_2O eine Vorhersage bezüglich dessen Existenz im fest-flüssig-Phasendiagramm getroffen werden kann. Die experimentell ermittelten fest-flüssig-Gleichgewichte im Bereich der Stabilität der Mischkristalle bleiben dabei für die im folgenden durchgeführte Simulation unberücksichtigt. In Abbildung 8.3 ist der beschrittene Weg zusammengefaßt.

Aus Untersuchungen zur thermischen Entwässerung von Carnallit war die Bildung von KCl*$MgCl_2$*2H_2O auch schon vor der experimentellen Bestimmung der fest-flüssig-Gleichgewichte bekannt. Um die Zusammensetzung der mit diesem Doppelsalzhydrat im Gleichgewicht befindlichen flüssigen Phase (Liquidus-Fläche) simulieren zu können, müssen ein Modell zur Beschreibung der Aktivitäten der Komponenten der flüssigen Phase (KCl, $MgCl_2$, H_2O) und entsprechende Werte für die systemspezifischen Parameter zur Verfügung stehen sowie die Löslichkeitskonstante für die feste Phase KCl*$MgCl_2$*2H_2O bekannt sein.

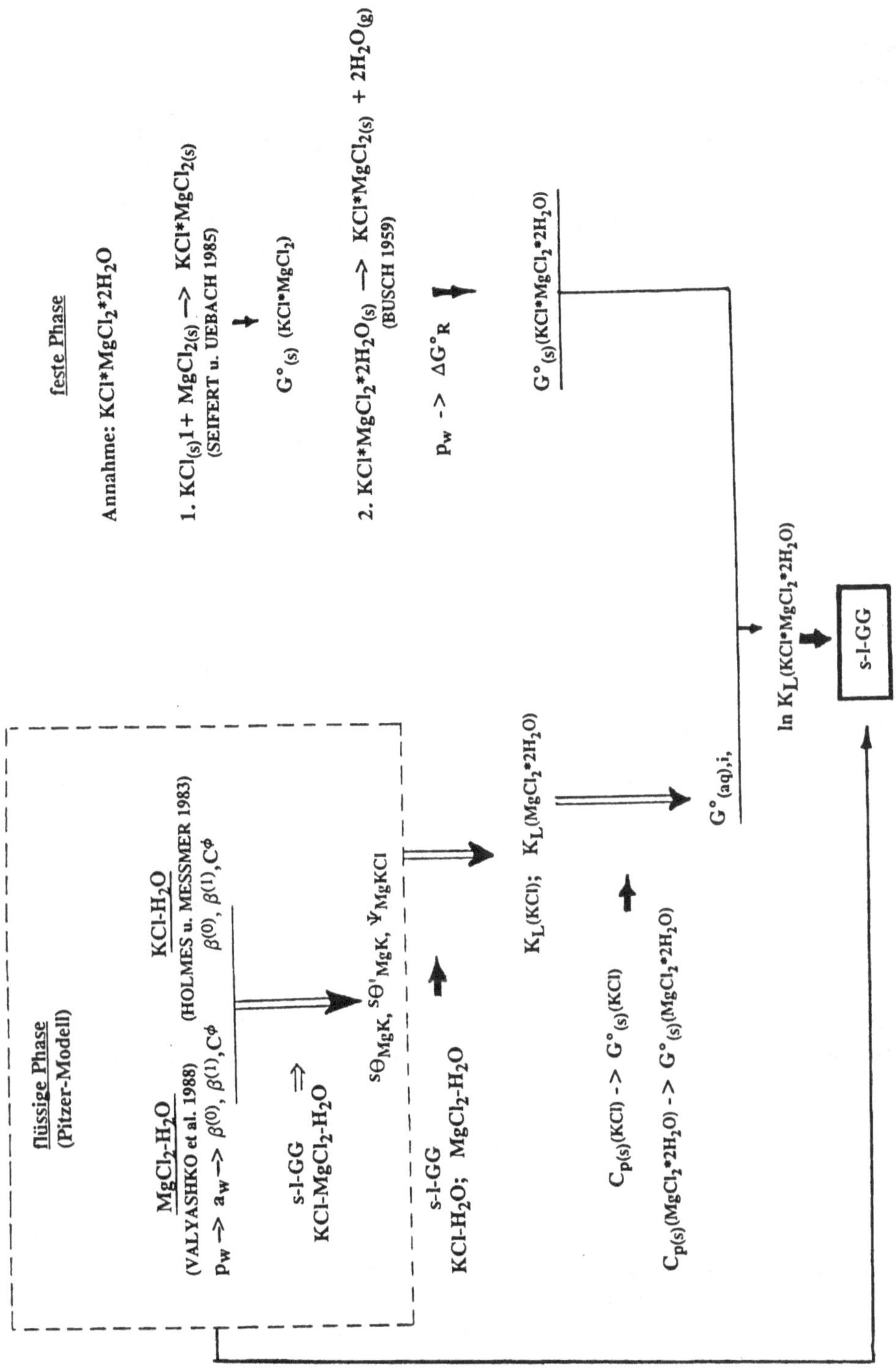

Abb. 8.3 Simulation der fest-flüssig-Gleichgewichte im System KCl-$MgCl_2$-H_2O bei Annahme der Stabilität von $KCl*MgCl_2*2H_2O$

Flüssigphasenmodell

Da bisher kein besseres Modell zur Verfügung steht, wurde das PITZER-Modell genutzt. Die Anwendung der PITZER-Gleichung ist in dem hochkonzentrierten Bereich, in dem $KCl*MgCl_2*2H_2O$ stabil ist; nur noch mit starken Einschränkungen möglich. Die im Punkt 6.2. ermittelten Werte für die Mischungsparameter $^{S}\theta_{MgK}$, $^{S}\theta'_{MgK}$ und ψ_{MgKCl} ergeben in dem für die Simulation zu berücksichtigenden Konzentrationsbereich starke Abweichungen vom Experiment und sind daher nicht geeignet. Neue Mischungsparameter wurden ermittelt, indem zusätzliche Löslichkeitsdaten im Bereich der KCl- und $1.5KCl*MgCl_2*2H_2O$-Sättigung bei $MgCl_2$-Konzentrationen > 200 mol $MgCl_2$/1000 mol H_2O stärker gewichtet wurden. Für die Mischungsparameter ergeben sich folgende Werte:

$$^{S}\theta_{MgK} = -0{,}1798 \qquad ^{S}\theta'_{MgK} = -0{,}005941 \qquad \psi_{MgKCl} = 0{,}02209$$

Löslichkeitskonstante ln K_L von $KCl*MgCl_2*2H_2O$

Mit Ausnahme der Ergebnisse aus den thermoanalytischen Untersuchungen zum Carnallitabbau sind keine Informationen über das Doppelsalz $KCl*MgCl_2*2H_2O$ verfügbar. Zersetzungsdampfdrucke für beide Stufen der Carnallitentwässerung wurden von BUSCH (1959) experimentell bestimmt.

$$KCl*MgCl_2*6H_2O_{(s)} \leftrightarrow KCl*MgCl_2*2H_2O_{(s)} + 4H_2O_{(g)} \qquad \text{(VIII.I)}$$

$$KCl*MgCl_2*2H_2O_{(s)} \leftrightarrow KCl*MgCl_{2(s)} + 2H_2O_{(g)} \qquad \text{(VIII.II)}$$

Für beide Gleichgewichte kann bei Kenntnis der Zersetzungsdampfdrucke die Gleichgewichtskonstante und somit bei Kenntnis des chemischen Potentials eines festen Reaktionspartners das des anderen berechnet werden (die Standarddaten von $H_2O_{(g)}$ sind bekannt). Reaktion (VIII.I) scheidet für Betrachtungen bei 200 °C aus, da Carnallit bei 167 °C inkongruent schmilzt.

Die Bildung von $KCl*MgCl_{2(s)}$ wurde von SEIFERT und UEBACH (1985) ausführlich untersucht. Aus EMK-Messungen sind die GIBBS-Energien als Funktion der Temperatur zugänglich. Allerdings macht sich eine Extrapolation zu niedrigeren Temperaturen erforderlich, da für die EMK-Messungen erforderliche Zellen nur bei Temperaturen oberhalb etwa 280 °C reversibel sind. Damit sollte prinzipiell die Möglichkeit bestehen, ausgehend von den Angaben von BUSCH und SEIFERT ln K_L von $KCl*MgCl_2*2H_2O$ bei 200 °C zu ermitteln.

Im einzelnen wurde folgender Weg beschritten.

Für alle Berechnungen wurden die in der Datensammlung von BARIN et al. (1977) angegebenen Daten verwendet, d. h. die Entropien der Elemente sind in den GIBBS-Energien G° nicht berücksichtigt. Bei konsequenter Anwendung dieser Größen hat dies jedoch auf das Resultat der Berechnungen – die Löslichkeitskonstante – keinen Einfluß.

Berechnung von $G°_{(s)}(KCl*MgCl_2)$

Für die Reaktion

$$KCl_{(s)} + MgCl_{2(s)} \leftrightarrow KCl*MgCl_{2(s)} \qquad \text{(VIII.III)}$$

wurde die von SEIFERT und UEBACH (1985) aufgestellte lineare Temperaturfunktion für die GIBBS-Energie ($\Delta_R G$/kJ*mol = −8,73 − 0,00167 T/K) bis 473 K extrapoliert und mit Hilfe der Standarddaten der reinen Salze $KCl_{(s)}$ (G° = −477,887 kJ/mol) und $MgCl_{2(s)}$

($G° = -687{,}272$ kJ/mol) die GIBBS-Energie von $KCl*MgCl_{2(s)}$ bei 200 °C berechnet ($G°_{(s)}(KCl*MgCl_2) = -1181{,}79$ kJ/mol).

Berechnung von $G°_{(s)}(KCl*MgCl_2*2H_2O)$

Für das Gleichgewicht

$$KCl*MgCl_2*2H_2O_{(s)} \leftrightarrow KCl*MgCl_{2(s)} + 2H_2O_{(g)} \qquad \text{(VIII.IV)}$$

wurden die von BUSCH (1959) angegebenen Zersetzungsdampfdrucke bis zu einer Temperatur von 473,15 K extrapoliert und über

$$\Delta_R G = -RT \ln p \qquad (8.1)$$

die GIBBS-Energie der Reaktion und daraus unter Einbeziehung des Wertes für die GIBBS-Energie von $KCl*MgCl_{2(s)}$ die des Doppelsalzhydrates berechnet ($G°_{(g)}(KCl*MgCl_2*2H_2O) = -1854{,}02$ kJ/mol; $p = 0{,}48$ Bar; $\Delta_R G = 5{,}773$ kJ/mol; $G°_{(g)}(H_2O) = 333{,}228$ kJ/mol).

G°i der Komponenten der wäßrigen Phase

Um die Konsistenz des Datensatzes zu gewährleisten, wurden die GIBBS-Energien der Komponenten der wäßrigen Phase aus den Angaben zu den Randsystemen ermittelt (andere Möglichkeiten der Berechnung z. B. über die Temperaturfunktionen der Standardwärmekapazitäten wären ebenfalls gegeben). Dazu wurden die GIBBS-Energien von $KCl_{(s)}$ und $MgCl_{2(s)}$ bei 473,15 K aus den Temperaturfunktionen der Wärmekapazitäten berechnet und mit Hilfe der Löslichkeitskonstanten beider fester Phasen und den Sättigungsaktivitäten (Flüssigphasenmodell) die GIBBS-Energien der Komponenten der flüssigen Phase bei 473,15 K berechnet. Die erforderlichen Größen sind in Tabelle 8.1 zusammengefaßt.

Tabelle 8.1
Thermodynamische Größen von KCl und $MgCl_2*2H_2O$.

	KCl	$MgCl_2*2H_2O$
$G°_{(s)}/kJ*mol^{-1}$	−477,887	−1372,053
$\ln K_L$	2,919	13,918
$G°_{(aq)}/kJ*mol^{-1}$	−489,372	−1426,804

Aus diesen Angaben ergibt sich für die Löslichkeitskonstante von $KCl*MgCl_2*2H_2O$ ein Wert von $\ln K_L = 15{,}80$.

Die auf diese Weise ermittelte Löslichkeitskonstante von $KCl*MgCl_2*2H_2O$ und der Ansatz zur Beschreibung der Aktivitäten der Komponenten der flüssigen Phase (Flüssigkeitsphasenmodell) gestatten die Simulation des $MgCl_2$-reichen Teils der 200 °C-Isotherme des Systems KCl-$MgCl_2$-H_2O. In Abbildung 8.4 sind die Ergebnisse der Simulation mit den experimentell ermittelten Resultaten verglichen. Die Bildung von Mischkristallen wurde bei der Simulation nicht berücksichtigt, so daß die berechnete Isotherme die Gleichgewichte mit den festen Phasen $MgCl_2*2H_2O$, $KCl*MgCl_2*2H_2O$, $1.5KCl*MgCl_2*2H_2O$ und KCl repräsentiert.

Sicher wäre es möglich, einen geeigneten Ansatz für die Abschätzung der GIBBS-Energien der Mischkristalle aus den Angaben zu den Endgliedern der Mischkristallreihe und einem geeigneten Verteilungskoeffizienten zu formulieren. Bei Einbeziehung der Mischkristallbildung in die Simulation würde sich zwangsläufig die simulierte Isotherme im Bereich der Stabilität der Mischkristalle zu niedrigeren Konzentrationen verschieben, d. h. die Übereinstimmung zwischen Experiment und Simulation würde sich noch verbessern. Dazu wären jedoch weitere empirische Annahmen erforderlich. Ziel der Berechnungen war es, die prinzipielle Möglichkeit solcher Simulationen zu testen.

Wie Abbildung 8.4 zeigt, werden die realen Verhältnisse durch die Simulation überraschend gut wiedergegeben. Diese gute Übereinstimmung mit den experimentellen Ergebnissen darf nicht darüber hinwegtäuschen, daß Größen mit großen Unsicherheiten in die Simulation eingegangen sind. Dies betrifft vor allem die Extrapolation der Temperaturfunktion der Zersetzungsdampfdrucke ($\ln p = f(1/T)$ von $KCl*MgCl_2*2H_2O$. Da von BUSCH keine Zahlenwerte publiziert wurden, mußten die Dampfdrucke graphisch aus den entsprechenden Abbildungen entnommen werden.

Große Abweichungen der berechneten Isotherme vom Experiment treten im Bereich des Minimums der KCl-Löslichkeit (in Abb. 8.4 nicht mit dargestellt) auf. Die Gründe hierfür

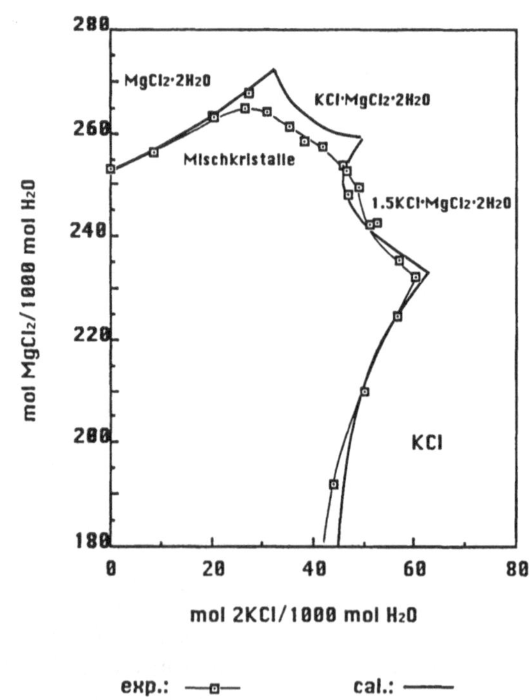

Abb. 8.4 200 °C-Isotherme (Ausschnitt) des Systems KCl-$MgCl_2$-H_2O. Vergleich der berechneten und experimentell ermittelten Gleichgewichte

liegen vor allem in dem gewählten Satz für die Mischungsparameter der PITZER-Gleichung. Verbesserungen wären unter Umständen durch eine andere Form der Gleichung für die Ionenstärkeabhängigkeit der Mischungsparameter (in Analogie zur Ionenstärkeabhängigkeit des 2. Virialkoeffizienten der PITZER-Gleichung) bzw. durch die Einführung der Ionenstärkeabhängigkeit von ψ möglich. Auch ist die Einführung von Assoziationsgleichgewichten denkbar, wie die Betrachtungen zu den Struktur-Eigenschafts-Beziehungen gezeigt haben.

Im System KCl-$MgCl_2$ sind neben KCl*$MgCl_2$ auch die Doppelsalze 1.5KCl*$MgCl_2$, 2KCl*$MgCl_2$ und 4KCl*$MgCl_2$ stabil. Fest-gas-Gleichgewichte mit entsprechenden Hydraten sind bisher jedoch nicht untersucht worden. (Analoges gilt für homologe Systeme, z. B. CsCl-$MgCl_2$-H_2O, NH_4Cl-$MgCl_2$-H_2O.) Durch die zukünftige experimentelle Untersuchung entsprechender fest-gas-Gleichgewichte könnte

- auf die Stabilität weiterer Doppelsalzhydrate geschlossen werden und
- bei Bestimmung der Zersetzungsdampfdrucke die GIBBS-Energien und damit die Löslichkeitskonstanten über den beschriebenen Weg ermittelt werden.

Damit sind prinzipiell auch Temperaturbereiche für die Simulation zugänglich, für die Experimente nicht vorhanden bzw. nur mit extremem Aufwand möglich sind. Von entscheidender Bedeutung sind jedoch Fortschritte bei den Flüssigphasenmodellen. Die PITZER-Gleichung ist zwar für große Bereiche gut geeignet und wird dadurch auch zukünftig große Bedeutung besitzen, versagt jedoch im Bereich sehr hoher Salzkonzentrationen.

9. Schlußfolgerungen

Den fest-flüssig-Gleichgewichten von Salz-Wasser-Systemen kommt eine große Bedeutung bei vielen Prozessen in Natur und Technik zu. Relativ wenig Beachtung fand dabei bisher der Bereich erhöhter Temperaturen.

Mit der vorliegenden Arbeit erfolgte eine systematische Untersuchung der fest-flüssig-Gleichgewichte von Salz-Wasser-Systemen im Hochtemperaturbereich am Beispiel der Systeme der ozeanischen Salze.

Als methodische Voraussetzung wurde eine universell einsetzbare Methode zur Bestimmung von fest-flüssig-Gleichgewichten für Temperaturen bis 250 °C entwickelt.

Mit den vorliegenden Ergebnissen konnte der Kenntnisstand zu den heterogenen Systemen der ozeanischen Salze wesentlich erweitert werden. Damit wurden auch die Grundlagen für die Ableitung neuer Technologien (Trennverfahren) im Hochtemperaturbereich bzw. deren Bewertung geschaffen.

Unerwartete Eigenschaften der Salz-Wasser-Systeme im Temperaturbereich $> 100\,°C$ (z. B. „Fällung“ von KCl durch H_2O-Zusatz, Stabilität neuer Doppelsalzhydrate und Mischkristalle) unterstreichen die Bedeutung solcher Untersuchungen und zeigen, daß in diesen Bereichen (hohe Temperaturen – hohe Salzkonzentrationen) generell ein großes Potential für Innovationen vorhanden ist.

Anhand des umfassenden experimentellen Materials und der ausgeführten Modellrechnungen lassen sich Schlußfolgerungen für experimentelle Untersuchungen, für die modellmäßige Beschreibung bzw. Vorausberechnung der Phasendiagramme sowie für neue Strategien zur Bestimmung von fest-flüssig-Phasengleichgewichten von Salz-Wasser-Systemen im Bereich hoher Temperaturen ableiten.

9.1. Modellierung

Es ist für die nächste Zeit nicht zu erwarten, daß mit einem Modell der gesamte Konzentrationsbereich (H_2O-Salz) sowie die Vielfalt der verschiedenen Systeme beschrieben werden können. Vielmehr wird sich die gezielte Anwendung verschiedener Modelle auf unterschiedliche Problemstellungen anbieten. Für den Konzentrationsbereich konzentrierte Lösung – Salzschmelze bestehen derzeit die größten Probleme, ein geeignetes Modell zu finden.

Klassische Lösungsmodelle, die eine Erweiterung des Grenzzustandes „unendlich verdünnte Lösung“ darstellen, versagen. Fortschritte sind im Bereich der Hydratschmelzen und hydratisierten Schmelzen möglicherweise durch die Anwendung von Quasigitter- oder Reaktionsmodellen, die der direkten Wechselwirkung der Salzkomponenten weitaus besser Rechnung tragen können, erreichbar.

Von den gegenwärtig verfügbaren Modellen besitzt das Ion-Wechselwirkungsmodell (PITZER-Gleichung) unter bestimmten Voraussetzungen die größten Vorteile für eine Beschreibung und Vorausberechnung der Phasengleichgewichte von Salz-Wasser-Systemen. Grundsätzlich ist dieses Modell auch für den Bereich erhöhter Temperaturen anwendbar. Die meist größeren Unsicherheiten bei Vorausberechnungen im Hochtemperaturbereich sind nicht auf die Grenzen des Modells, sondern auf die Qualität des für die Ermittlung der adjustierbaren Parameter zur Verfügung stehenden Datensatzes zurückzuführen.

Grenzen für die Anwendbarkeit des PITZER-Modells ergeben sich bei hohen Salzkonzentrationen. Im Hochtemperaturbereich kann dies dazu führen, daß infolge der meist deutlich höheren Salzkonzentrationen der flüssigen Phase große Bereiche des Phasendiagramms durch die PITZER-Gleichung nicht beschrieben werden. (Im System KCl-$MgCl_2$-H_2O erreicht die flüssige Phase bei 250 °C Ionenstärken über 70 molal!) Feste Konzentrationsgrenzen für die Anwendbarkeit des PITZER-Modells lassen sich nicht ableiten, sie sind stark abhängig von der Art des Systems, von den Genauigkeitsanforderungen und dem zur Verfügung stehenden Datensatz zur Ermittlung der adjustierbaren Parameter. Durch Letztere wird eine gewisse Flexibilität des Modells erreicht. Im System KCl-$MgCl_2$-H_2O wurden selbst bei Ionenstärken von 30 molal die experimentellen Ergebnisse mit guter Genauigkeit durch die PITZER-Gleichung beschrieben.

Reserven besitzt die PITZER-Gleichung einerseits durch die Einführung zusätzlicher Koeffizienten zur Erfassung spezifischer Wechselwirkungen und durch die Einführung der Konzentrationsabhängigkeit bestimmter Wechselwirkungskoeffizienten. Für eine Entscheidungsfindung können dabei – unter anderem – Vorstellungen über den strukturellen Aufbau (Spezies, Komplexgleichgewichte, etc.) der flüssigen Phase hilfreich sein.

Spezifische Wechselwirkungen, das haben insbesondere die Untersuchungen im System KCl-$MgCl_2$-H_2O gezeigt, sind bereits bei Konzentrationen bedeutsam, die deutlich unterhalb des Bereiches der Hydratschmelzen liegen. Dies gilt selbst für Systeme mit solchen Salzkomponenten, die keine typischen Komplexbildner (beispielsweise $MgCl_2$) sind. Für homologe Systeme vom Typ ACl-$MgCl_2$-H_2O (A = NH_4, Rb, Cs) werden sich im Vergleich zum System KCl-$MgCl_2$-H_2O mit Zunahme des Ionenradius des Alkalimetallkations (Ammoniumions) A die spezifischen Wechselwirkungen (Cl-H_2O-Austausch in der ersten Koordinationssphäre des Mg-Ions) auf Grund der zunehmenden Cl^--Donatorwirkung des Alkalimetallchlorids noch verstärken. Dies wird sich selbstverständlich auch auf die Beschreibbarkeit der Phasengleichgewichte mit der PITZER-Gleichung auswirken, d. h. die Einführung der Ionenstärkeabhängigkeit der Mischungsparameter (insbesondere von θ_{MgA}) oder die Einführung zusätzlicher Parameter, die die Wechselwirkungen mit weiteren Spezies (z. B. $[Mg(H_2O)_{6-x}Cl_x]$) beschreiben, wird unumgänglich werden.

9.2. Neue Strategien zur Bestimmung von fest-flüssig-Gleichgewichten von Salz-Wasser-Systemen im Hochtemperaturbereich

Der gegenwärtige Stand der Theorie läßt auch in der nächsten Zeit – wie vorstehend diskutiert – keine vollständige Vorausberechnung der fest-flüssig-Gleichgewichte von Salz-Wasser-Systemen zu. Die zur Verfügung stehenden Modelle sind gegenwärtig noch so unsicher, daß ohne experimentelle Verifizierung starke Abweichungen zwischen Modell und Realität auftreten können. So ist auch zukünftig auf sorgfältig ausgeführte, präzise Experimente – auch im Hochtemperaturbereich – nicht zu verzichten.

Andererseits ist die vollständige experimentelle Bestimmung eines Phasendiagramms im Hochtemperaturbereich sehr aufwendig, besonders beim Übergang zu höheren Systemen. Im Hochtemperaturbereich der Phasendiagramme haben sich unerwartet komplizierte Festphasenparagenesen (z. B. Mischkristallbildung im System KCl-$MgCl_2$-H_2O) ergeben. Die angewendete analytische Methode, die im besonderen den Zugriff zu den festen Phasen ermöglicht, hat sich prinzipiell bewährt. Jede synthetische Methode hätte bei diesen Untersuchungen versagt. Trotzdem traten bei den Experimenten größere Schwierigkeiten als erwartet auf. Es gelang beispielsweise nur durch eine Vielzahl von Einzelexperimenten in einem relativ breiten Temperaturintervall das Phasendiagramm des Systems KCl-$MgCl_2$-H_2O im Bereich der Stabilität der Mischkristalle und Doppelsalzhydrate aufzuklären. In homologen Systemen (NH_4Cl-$MgCl_2$-H_2O, $CsCl$-$MgCl_2$-H_2O), in denen offensichtlich ähnlich komplizierte Verhältnisse bezüglich der stabilen festen Phasen vorliegen, gestatten die bisher durchgeführten Experimente bei 200 °C noch nicht, eine eindeutige Isotherme für den gesamten Konzentrationsbereich zu konstruieren. Die besondere Schwierigkeit besteht darin, den während des Experiments erreichten Zustand des Systems (thermodynamisches Gleichgewicht, Pseudogleichgewicht oder Nichtgleichgewicht) zu charakterisieren. Das führt zu Fehlinterpretationen bzw. zur Uneindeutigkeit der ermittelten Resultate.

Diese Aussagen machen in besonderer Weise deutlich, daß die bisher in der Regel angewendete Strategie

- Formulierung der Problemstellung
- Recherche der bekannten Daten zu den fest-flüssig-Gleichgewichten,
- Anpassen der experimentellen Methoden auf das Problem,
- Experimentelle Bestimmung,
- Aufstellen des Phasendiagramms,
- Lösen des eingangs formulierten Problems

im Hochtemperaturbereich sehr aufwendig ist und unter Umständen nicht zum Erfolg führt. Ein solches Vorgehen ist nur für wenige Systeme in ausgewählten Temperatur- und Konzentrationsbereichen möglich. Überwinden läßt sich dieses Defizit nur durch eine komplexere Herangehensweise an die Lösung des Problems. Der gegenwärtige Stand der zur Verfügung stehenden Modelle und die zukünftig zu erwartenden Fortschritte gestatten es, sie aktiv in die Bestimmung der fest-flüssig-Gleichgewichte einzubeziehen. Dabei sind auf Grund der Komplexität des Problems alle zur Verfügung stehenden Informationen (nicht nur zu den fest-flüssig-Gleichgewichten, sondern auch z. B. die kalorischen Daten der festen Phasen, fest-gas-Gleichgewichte, flüssig-gas-Gleichgewichte, fest-fest-Gleichgewichte, Struktur-Eigenschafts-Beziehungen) einzubeziehen. Durch Simulationen sollten gezielt experimentell zu ermittelnde Stützpunkte ausgewählt werden, so daß ein Wechselspiel zwischen Vorhersage und

Experiment möglich wird. Weder Experiment noch Modellierung allein führen zum Erfolg. In Abbildung 9.1 wird versucht, dies schematisch darzustellen. Wie das Beispiel der 200 °C-Isotherme des Systeme KCl-$MgCl_2$-H_2O zeigt, ist dieser Weg unter bestimmten Voraussetzungen erfolgreich.

Zukünftig lassen sich Problemstellungen zu den fest-flüssig-Gleichgewichten von Salz-Wasser-Systemen unter extremen Bedingungen nur dann lösen, wenn allen Aspekten,
- Modellentwicklung,
- Experiment und
- Daten- und Korrelationsbanken,

gleichberechtigt Rechnung getragen wird.

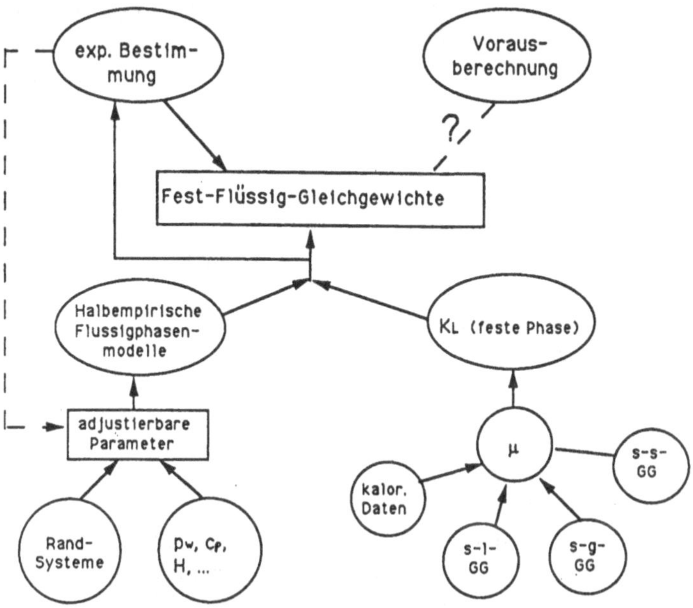

Abb. 9.1 Simulation von fest-flüssig-Gleichgewichten

10. Literaturverzeichnis

[1] ABRAHAM, M.-C.; ABRAHAM, M. und SANGSTER, J. (1979) J. Solution Chem. **8**, 647.

[2] ABRAHAM, M.-C.; ABRAHAM, M. und SANGSTER, J. (1980) J. Chem. Eng. Data **25**, 311.

[3] ABRAHAM, M. (1981) Rev. Roum. Chim. **26**, 829.

[4] ACHUMOV, E. I. und VASILIEV, B. B. (1936) Isvest. Sektora Fiz.-Chim. Anal., Akad. Nauk. S.S.S.R. **9**, 295.

[5] ASSARSSON, G. (1950) J. Amer. Chem. Soc. **72**, 1433.

[6] AUTENRIETH, H. (1954) Kali und Steinsalz. **1**, 3.

[7] AUTENRIETH, H. (1955) Kali und Steinsalz. **1**, 18.

[8] AUTENRIETH, H. (1958) Kali und Steinsalz. **2**, 181.

[9] AUTENRIETH, H. und BRAUNE, G. (1958) Naturwissenschaften **45**, 362.

[10] AUTENRIETH, H. und BRAUNE, G. (1959) Kali und Steinsalz. **2**, 395.

[11] AUTENRIETH, H. und BRAUNE, G. (1960a) Kali und Steinsalz. **3**, 15.

[12] AUTENRIETH, H. und BRAUNE, G. (1960b) Kali und Steinsalz. **3**, 85.

[13] AUTENRIETH, H. (1970) Rev. Chim. min. **7**, 217.

[14] BALAREW, CH. (1987) Zeitschr. für Kristallographie **181**, 35.

[15] BARANOV, A. N. und CHURAGULOV, B. R. (1977) Vestn. Mosk. Univ., Ser. Z: Khim **28**, 407.

[16 BARIN, I.; KNACKE, O. und KUBASCHEWSKI, O. (1977) Thermochemical properties of inorganic substances. Verl. Stahleisen, Düsseldorf.

[17] BARRY, J. C.; RICHTER, J. und STICH, E. (1988) Ber. Bunsenges. Phys. Chem. **92**, 1118.

[18] BARTON, C. J.; HERBERT, G. M. und MARSHALL, W. L. (1961) J. Inorg. Nucl. Chem. **21**, 141.

[19] BECK, R.; EMONS, H.-H. und HOLLDORF, H. (1981a) Freiberger FH, **A628**, 7.

[20] BECK, R.; EMONS, H.-H. und HOLLDORF, H. (1981b) Freiberger FH, **A628**, 19.

[21] BENRATH, A.; GJEDEBO, F.; SCHIFFERS, B. und WUNDERLICH, H. (1937) Z. anorg. allg. Chem. **231**, 285.

[22] BLASDALE, W. und ROBSON, H. J. Amer. Chem. Soc. **50**, 43.

[23] BLUM, L. (1988) J. Phys. Chem. **92**, 2969.

[24] BRAUNSTEIN, J. (1967) J. Phys. Chem. **71**, 3402.

[25] BRAUNSTEIN, J. (1971) in: PETRUCCI, S. Ionic Interactions. Vol. **I**, Academic Press Inc., New York.

[26] BRENDLER, V. (1989) Anwendung von Reaktionsmodellen zur Modellierung der Aktivitätsdaten im System LiCl-$ZnCl_2$-H_2O. Diplomarbeit, Bergakademie Freiberg.

[27] BROUL, M.; NYVLT, J. und SOEHNEL, O. (1981) Solubility in inorganic two-component systems, Akademie, Prag.

[28] BRUNAUER, S.; EMMETT, P. H. und TELLER, E. (1938) J. Amer. Chem. Soc. **60**, 309.

[29] BUSCH, F. (1959) Freiberger FH **A123**, 448.

[30] CARLING, R. W. (1981) J. Chem. Thermodyn. **13**, 503.

[31] CHASE Jr., M. W.; DAVIS, C. A.; DOWNEY Jr., J. R.; FRURIP, D. J.; MCDONALD, R. A. und SYVERUO,

A. N. (1985) JANAF Thermochemical Tables. Third Edition. J. Phys. Chem. Ref. Data **14**, Supplement No 1.

[32] Chou, I.-M. und Romankiw, L. A. (1983) J. Chem. Eng. Data **28**, 396.

[33] Chou, I.-M.; Romankiw, L. A.; Evans, H. T. und Konnert, J. A. (1983) J. Chem. Eng. Data **28**, 393.

[34] Cohen-Adad, R. und Said, J. (1967) Bull. Soc. Chim. France, No **2**, 564.

[35] D'Ans, J. (1933) Die Löslichkeiten der Systeme ozeanischer Salzablagerungen. Berlin.

[36] D'Ans, J. und Sypiena, G. (1942) Kali, verwandte Salze und Erdöl **6**, 89.

[37] D'Ans, J.; Freund, H.-E. und Kaufmann, E. (1957) Z. für Elektrochem. **61**, 546.

[38] de Kock, C. W. (1982) Thermodynamic Properties of Selected Transition Metal Sulfates and Their Hydrates. U.S. Bureau of Mines, IC 8910.

[39] de Kock, C. W. (1986) Thermodynamic Properties of Selected Metal Sulfates and Their Hydrates. U.S. Bureau of Mines, IC 9081.

[40] de Lima, M. C. und Pitzer, K. S. (1983) J. Solution Chem. **12**, 187.

[41] Dietzel, H. und Serowy, F. (1959) Freiberger FH **A132**, 1.

[42] Dittrich, A. (1984) Aktivitätsdaten in den Systemen Alkalimetallhalogenid-Wasser bei hohen Konzentrationen und Temperaturen. Diplomarbeit, Bergakademie Freiberg.

[43] Dittrich, A. (1986) Zum Einfluß von Alkalimetallchloriden auf den Dampfdruck von Magnesiumchloridhydratschmelzen. Dissertation A, Bergakademie Freiberg.

[44] Duhlev, R. und Balarew, Ch. (1986) Rev. Chim. min. **23**, 116.

[45] Emons, H.-H.; Naumann, R.; Pohl, T. und Voigt, H. (1984) J. Therm. Anal. **29**, 571.

[46] Emons, H.-H.; Fanghänel, Th. und Voigt, W. (1986) Salzhydratschmelzen – ein Bindeglied zwischen Elektrolytlösungen und Salzschmelzen. Sitzungsber. AdW d. DDR 3N, 5.

[47] Emons, H.-H.; Dittrich, A. und Voigt, W. (1987) Proceedings of the International Symposium on Molten Salts **87–7**, 111.

[48] Emons, H.-H. und Fanghänel, Th. (1989) J. Therm. Anal. **35**, 2161.

[49] Enghardt, K. (1989) Untersuchungen zu ausgewählten Existenzgebieten im quaternären System der ozeanischen Salze. Diplomarbeit, Bergakademie Freiberg.

[50] Fanghänel, Th. (1984) Ein Beitrag zur Bestimmung der Fest-Flüssig-Gleichgewichte von Wasser-Salz-Systemen bei hohen Konzentrationen und Temperaturen. Dissertation, Bergakademie Freiberg.

[51] Fanghänel, Th.; Kravchuk, K.; Voigt, W. und Emons, H.-H. (1987) Z. anorg. allg. Chem. **547**, 21.

[52] Fanghänel, Th. und Emons, H.-H. (1988) Z. anorg. allg. Chem. **562**, 165.

[53] Fanghänel, Th.; Emons, H.-H. und Köhnke, K. (1989) Z. anorg. allg. Chem. **576**, 99.

[54] Fanghänel, Th (1990) Thermodynamics of Concentrated Electrolyte Solutions – Reciprocal Salt Pairs. IV. Isopiestic Determination of Osmotic Coefficients in Aqueous Mixtures of Reciprocal Salt Pairs of Mixtures of Chlorides, Bromides and Nitrates of Lithium, Sodium, Potassium and Caesium at 100.3 °C. Report to NTNF, Univ. of Oslo.

[55] Fanghänel, Th. und Grjotheim, K. (1990) Acta Chem. Scand. **44**, 892.

[56] Fanghänel, Th.; Grjotheim, K.; Haugsdal, B. und Voigt, W. (1991) Acta Chem. Scand. **45**, 30.

[57] Fanghänel, Th.; Grjotheim, K.; Voigt, W.; Brendler, V. (1992) Acta Chem. Scand. **46**, im Druck.

[58] Fillipov, V. K. und Nokhrin, V. I. (1988) Z. Phys. Chem., Leipzig **269**, 50.

[59] Fillipov, V. K. und Charikova, M. V. (1989) Z. Phys. Chem., Leipzig **270**, 49.

[60] Fillipov, V. K.; Kalinikin, A. M. und Vasin, S. K. (1989) J. Chem. Thermodyn. **21**, 935.

[61] Fillipov, V. K.; Korovkova, E. V. und Petrenko, S. V. (1989) Zh. prikl. Khim. **62**, 241.

[62] Froelich, W. (1929) Mitt. KFA **68**, 50.

[63] Gill, J. S. und Marshall, W. L. (1961) Rev. Sci. Instr. **32**, 1060.

[64] Gmelin Handbuch der Anorganischen Chemie. Verlag Chemie G.m.b.H., Weinheim.

[65] GOLDBERG, R. N. (1984) J. Research NBS **89**, 251.
[66] GRJOTHEIM, K. und VOIGT, W. (1986) Acta Chem. Scand. **A40**, 91.
[67] GUION, J.; SAUZADE, J. D. und LAÜGT, M. (1983) Thermochim. Acta **67**, 167.
[68] HAAR, L.; GALLAGHER, J. S. und KELL, G. S. (1984) NBS/NRC Steam Tables. Thermodynamic and Transport Properties and Computer Programs for Vapor and Liquid States of Water in SI Units. Hemishere Publishing Cooperation, Washington, New York, London.
[69] HALA, E.; PICK, J.; FRIED, V. und VILIM, O. (1960) Gleichgewichte Flüssigkeit-Dampf. Akademie-Verlag, Berlin.
[70] HARNED, H. S. (1935) J. Amer. Chem. Soc. **57**, 1865.
[71] HARNED, H. S. und ROBINSON, R. A. (1968) Multicomponent Electrolyte Solutions. International Encyclopedia of Physical Chemistry and Chemical Physics, II. Pergamon Press.
[72] HARVIE, C. E. und WEARE, J. H. (1980) Geochim. Cosmochim. Acta **44**, 981.
[73] HARVIE, C. E.; WEARE, J. H.; EUGSTER, H. P. und HARDIE, L. A. (1980) Science **208**, 498.
[74] HARVIE, C. E.; EUGSTER, H. P. und WEARE, J. H. (1982) Geochim. Cosmochim. Acta **46**, 1603.
[75] HARVIE, C. E.; MÖLLER, N. und WEARE, J. H. (1984) Geochim. Cosmochim. Acta **48**, 723.
[76] HELGESON, H. C. (1967) J. Phys. Chem. **71**, 3121.
[77] HELGESON, H. C. (1968) Geochim. Cosmochim. Acta **32**, 853.
[78] HELGESON, H. C. (1969) Amer. J. Sci. **267**, 729.
[79] HELGESON, H. C. und KIRKHAM, D. H. (1974) Amer. J. Sci. **274**, 1089.
[80] HELGESON, H. C.; KIRKHAM, D. H. und FLOWERS, G. C. (1981) Amer. J. Sci. **281**, 1249.
[81] HISHAM, M. W. M. und BENSON, S. W. (1987a) J. Phys. Chem. **91**, 5998.
[82] HISHAM, M. W. M. und BENSON, S. W. (1987b) J. Phys. Chem. **91**, 3631.
[83] HISHAM, M. W. M. und BENSON, S. W. (1988) J. Phys. Chem. **92**, 6107.
[84] HISHAM, M. W. M. und BENSON, S. W. (1989) J. Phys. Chem. **93**, 3308.
[85] HOLMES, H. F. und MESSMER, R. E. (1983) J. Phys. Chem. **87**, 1242.
[86] HOLMES, H. F. und MESSMER, R. E. (1986) J. Chem. Thermodyn. **18**, 263.
[87] HOVEY, J. H.; PITZER, K. S.; TANGER, J. C.; BISCHOFF, J. L. und ROSENBAUER, R. J. (1990) J. Phys. Chem. **94**, 1175.
[88] ITKINA, C. L. und KOCHOVA, V. F. (1956) Isv. Sektora Fiz. Khim. Akad. Nauk S.S.S.R. **27**, 389.
[89] KIM, H.-T. und FREDERICK Jr., W. J. (1988) J. Chem. Eng. Data **33**, 278.
[90] KIRGINTSEV, A. N.; TRUSHNIKOVA, L. N. und LAVRENTEVA, V. G. (1972) Die Löslichkeit anorganischer Stoffe in Wasser. Handbuch. Khimiya, Leningrad (Russ.).
[91] LANDOLDT-BÖRNSTEIN Zahlenwerte und Funktionen aus Naturwissenschaft und Technik, 6. Auflage, Springer Verlag, Berlin, Heidelberg, New York.
[92] LIETZKE, M. H. und STOUGHTON, R. W. (1972) J. Solution Chem. **1**, 299.
[93] LIETZKE, M. H. und STOUGHTON, R. W. (1974) J. inorg.-nucl. Chem. **36**, 1315.
[94] LIGHTFOOT, W. und PRUTTON, C. (1946) J. Amer. Chem. Soc. **68**, 1001.
[95] LIGHTFOOT, W. und PRUTTON, C. (1947) J. Amer. Chem. Soc. **69**, 2098.
[96] LIGHTFOOT, W. und PRUTTON, C. (1949) J. Amer. Chem. Soc. **71**, 1233.
[97] LINKE, W. F. und SEIDELL, A. (1965) Solubilities of Inorganic and Metal Organic Compounds. 4th ed. Am. Chem. Soc., vol. 1 and 2.
[98] MAJIMA, K., KATSUKI, K. und TEJIMA, M. (1972) Bull. Soc. Sea Water Sci., Jpn. **26**, 199.
[99] MAJIMA, K., KATSUKI, K.; TEJIMA, M. und OKA, S. (1974) Bull. Soc. Sea Water Sci., Jpn. **27**, 315.
[100] MAJIMA, K., KATSUKI, K. und OKA, S. (1983) Bull. Soc. Sea Water Sci., Jpn. **36**, 381.
[101] MARCUS, Y. (1977) Geochim. Cosmochim Acta **41**, 1739.
[102] MARCUS, Y. und SOFFER, N. (1988) J. Chem. Soc., Faraday Trans. **184**, 3575.
[103] MARSHALL, W. L.; WRIGHT, H. W. und SECOY, CH. H. (1954) J. Chem. Educ. **31**, 34.

[104] Marshall, W. L.; Slusher, R. und Jones, E. V. (1964) J. Chem. Eng. Data **9**, 187.
[105] Marshall, W. L. und Slusher, R. (1965) J. Chem. Eng. Data **10**, 353.
[106] Marshall, W. L. und Slusher, R. (1966) J. Phys. Chem. **70**, 4015.
[107] Marshall, W. L. und Jones, E. V. (1966) J. Phys. Chem. **70**, 4028.
[108] Marshall, W. L. (1970) J. Phys. Chem. **74**, 346.
[109] Marshall, W. L. und Slusher, R. (1973) J. Chem. Thermodyn. **5**, 189.
[110] Marshall, W. L. und Slusher, R. (1975) J. Inorg. Nucl. Chem. **37**, 1191.
[111] Marshall, W. L. (1985) Pure Appl. Chem. **57**, 283.
[112] Möller, N. (1988) Geochim. Cosmochim. Acta **52**, 821.
[113] Motoyama, M.; Kadota, M. und Oka, S. (1971a) Bull. Soc. Sea Water Sci., Jpn. **24**, 141.
[114] Motoyama, M.; Kadota, M. und Oka, S. (1971b) Bull. Soc. Sea Water Sci., Jpn. **24**, 189.
[115] Motoyama, M.; Kadota, M. und Oka, S. (1972) Bull. Soc. Sea Water Sci., Jpn. **26**, 173.
[116] Motoyama, M.; Kadota, M. und Oka, S. (1976) Bull. Soc. Sea Water Sci., Jpn. **30**, 26.
[117] Naumann, R.; Fanghänel, Th. und Emons, H.-H. (1988) J. Therm. Anal. **33**, 685.
[118] Nyvlt, J. (1977) Solid-Liquid Phase Equilibria. Academia Publishing House of the Czechoslovak Academy of Sciences, Praha.
[119] Pabalan, R. T. und Pitzer, K. S. (1987) Geochim. Cosmochim. Acta **51**, 2429.
[120] Pätzold, U. (1990) Untersuchung von Feststoff-Gas-Gleichgewichten im System KCl-$MgCl_2$-H_2O. Diplomarbeit, Bergakademie Freiberg.
[121] Pelsh, A. D. (1973) Handbuch der experimentellen Löslichkeitsdaten von Mehrkomponenten Salz-Wasser-Systemen. Khimiya, Leningrad (Russ.).
[122] Phutela, R. C. und Pitzer, K. S. (1986) J. Phys. Chem. **90**, 895.
[123] Pitzer, K. S. (1973) J. Phys. Chem. **77**, 268.
[124] Pitzer, K. S. (1975) J. Solution Chem. **4**, 249.
[125] Pitzer, K. S. (1979) in: Pytkowicz, R. M. Aktivity Coefficients in Electrolyte Solutions. Vol **I**, CRS Press Inc., Boca Ratoa, Florida.
[126] Pitzer, K. S. (1980) J. Amer. Chem. Soc. **102**, 2902.
[127] Pitzer, K. S.; Peiper, J. C. und Busey, R. H. (1984) J. Phys. Chem. Ref. Data **13**, 1.
[128] Pitzer, K. S. und Simonson, J. M. (1986) J. Phys. Chem. **90**, 3005.
[129] Potter, R. W.; Babcock, R. S. und Brown, D. L. (1977) J. Res. U.S. Geol. Surv. **5**, 389.
[130] Rard, J. A. und Miller, D. G. (1981) J. Chem. Eng. Data **26**, 38.
[131] Rard, J. A. und Miller, D. G. (1982) J. Chem. Eng. Data **27**, 342.
[132] Rard, J. A. und Miller, D. G. (1989) J. Chem. Thermodyn. **21**, 463.
[133] Ravich, M. I. und Borovaya, F. E. (1950) Isvest. Sektora Fiz. Khim. Anal., AN S.S.S.R. **20**, 165.
[134] Ravich, M. I.; Borovaya, F. E. und Ketkovich, V. Ja. (1953) Isvest. Sektora Fiz. Khim. Anal., AN S.S.S.R. **22**, 234.
[135] Ravich, M. I. (1958) Freiberger FH. **A123**, 269.
[136] Reilly, P. J.; Wood, R. H. und Robinson, R. A. (1971) J. Phys. Chem. **75**, 1305.
[137] Robie, R. A.; Hemingway, B. S. und Fischer, J. R. (1978) Thermodynamic Properties of Minerals and Related Substances at 298,15 K and 1 Bar (10 Pascals) Pressure and at Higher Temperatures. Geological Survey Bulletin 1452.
[138] Robson, H. L. (1927) J. Amer. Chem. Soc. **49**, 2272.
[139] Sacchetto, G. A. und Kodejs, Z. (1982) J.C.S. Faraday Trans. **178**, 3519.
[140] Said, J. (1971) Bull. Soc. Chim. France, No **8**, 2885.
[141] Sangster, J.; Abraham, M. C. und Abraham, M. (1978) Can. J. Chem. **56**, 348.
[142] Sangster, J.; Abraham, M. C. und Abraham, M. (1979) J. Chem. Thermodyn. **11**, 619.
[143] Sangster, J.; Abraham, M. C. und Abraham, M. (1982) J. Chem. Thermodyn. **14**, 599.

[144] SCATCHARD, G. (1961) J. Amer. Chem. Soc. **83**, 2636.
[145] SCHÖNERT, H. (1986) Z. phys. Chem. NF. **150**, 163.
[146] SCHÖNERT, H. (1988) Z. phys. Chem. NF. **158**, 167.
[147] SCHREINEMAKERS, F. A. H. (1893) Z. phys. Chem. **11**, 75.
[148] SCHROEDER, W. C.; GABRIEL, A. und PARTRIDGE, E. P. (1935) J. Amer. Chem. Soc. **57**, 1539.
[149] SEIFERT, H.-J. und FINK, H. (1975) Rev. Chim. min. **12**, 466.
[150] SEIFERT, H.-J. und THIEL, G. (1982) J. Therm. Anal. **25**, 291.
[151] SEIFERT, H.-J.; WARCZEWSKI, J. und BURHENN, K. (1983) Rev. Chim. min. **20**, 504.
[152] SEIFERT, H.-J. und THIEL, G. (1984) Thermochim. Acta **72**, 11.
[153] SEIFERT, H.-J. und UEBACH, J. (1985) J. solid state Chem. **59**, 86.
[154] SEIFERT, H.-J.; FINK, H.; THIEL, G. und UEBACH, J. (1985) Z. anorg. allg. Chem. **520**, 151.
[155] SEIFERT, H.-J. (1987) Thermochim. Acta **110**, 297.
[156] SEIFERT, H.-J. und PAUL, M. (1988) J. Therm Anal. **35**, 585.
[157] SEROWY, F. (1923) Kali **23**, 345.
[158] SHOMATE, C. H. und HUFFMANN, E. H. (1943) J. Amer. Chem. Soc. **65**, 1625.
[159] SCHRÖDER, I. (1893) Z. phys. Chem. **11**, 449.
[160] SIEKIERSKI, S. und SALOMON, M. (1985) J. Solution Chem. **14**, 473.
[161] SILVESTER, L. F. und PITZER, K. S. (1977) J. Phys. Chem. **81**, 1822.
[162] SIMONSON, J. M. (1983) Thermodynamic Properties of Very Concentrated Electrolyte Solutions. LBL-Report 16625, Univ. California.
[163] SIMONSON, J. M. und PITZER, K. S. (1986) J. Phys. Chem. **90**, 3009.
[164] SINKE, G. C.; MOSSNER, E. H. und CURNUTT, J. L. (1985) J. Chem. Thermodyn. **17**, 893.
[165] STOKES, R. H. und ROBINSON, R. A. (1948) J. Amer. Chem. Soc. **70**, 1870.
[166] STOKES, R. H. und ROBINSON, R. A. (1973) J. Solution Chem. **2**, 173.
[167] TIMOSCHENKO, JU. M. (1973) Zh. neorg. Khim. **18**, 571.
[168] TIMOSCHENKO, JU. M. und BORISOVA, R. E. (1976) Zh. neorg. Khim. **21**, 268.
[169] VALYASHKO, V. M. (1973) Zh. neorg. Khim. **18**, 1114.
[170] VALYASHKO, V. M.; URUSOVA, M. A. und KRAVCHUK, K. G. (1983) Dokl. Akad. Nauk. S.S.S.R. **272**, 390.
[171] VALYASHKO, V. M. (1986) Z. phys. Chem., Leipzig **267**, 481.
[172] VALYASHKO, V. M.; URUSOVA, M. A.; VOIGT, W. und EMONS, H.-H. (1988) Russ. J. Inorg. Chem. **33**, 127.
[173] VAN LAAR, J. J. (1910) Z. phys. Chem. **72**, 723.
[174] VAN'T HOFF, J. H. und MEYERHOFFER, J. (1899) Z. phys. Chem. **30**, 64.
[175] VESNIN, YU. I. und ZAKOVRYASHIN, S. P. (1979) Solid State Commun. **31**, 635.
[176] VOGEL, L.; FIGURSKI, G. und VOHLAND, P. (1983) Z. Chem. **23**, 331.
[177] VOIGT, W.; FANGHÄNEL, TH. und EMONS, H.-H. (1985) Z. phys. Chem., Leipzig **266**, 522.
[178] VOIGT, W. (1986) Struktur und Eigenschaften von Salz-Wasser-Systemen im Übergangsbereich Lösung-Schmelze. Dissertation B, Bergakademie Freiberg.
[179] WEINGÄRTNER, H. (1989) Ber. Bunsenges. Phys. Chem. **93**, 1058.
[180] WERES, O. und TSAD, L. (1986) J. Phys. Chem. **90**, 3014.
[181] WOOD, J. R. (1975) Geochim. Cosmochim. Acta **40**, 1211.
[182] ZDANOVSKI, A. B. (1948) Zh. Fiz. Khim. **22**, 1475.
[183] ZIEGENBALG, G. (1990) Stabile und metastabile fest-flüssig-Gleichgewichte des Systems Na^+, K^+, Mg^{2+}/Cl^-, $SO_4^{2-}//H_2O$) unter besonderer Berücksichtigung der Bildungsbedingungen von Kieserit im Temperaturbereich von 90–140 °C. Dissertation, Bergakademie Freiberg.
[184] ZIEGENBALG, G.; EMONS, H.-H. und FANGHÄNEL, TH. (1991) Kali und Steinsalz **10**, 366.

Band 53

Heft 1 **3. Internationales Symposium über Probleme der Passivität von Metallen**
(Technische Universität Dresden, 29.–31. 5. 1975)
1979. 171 Seiten – 150 Abbildungen, davon 26 auf 10 Tafeln – 27 Tabellen – 4°

Heft 2 Prof. Dr. LOTHAR JENTSCH, **Zur Existenz von regulären Lösungen der Elastostatik stückweise homogener Körper mit neuen Kontaktbedingungen an den Trennflächen zwischen zwei homogenen Teilen**
1977. 45 Seiten – 4°

Heft 3 Prof. Dr.-Ing. Dr. h. c. mult. KURT SCHWABE und Dr. CHRISTIAN QUECK, **Freie Überführungsenthalpien von Einzelionen aus Wasser in organische Solventien. Eine kritische Übersicht**
1979. 104 Seiten – 38 Abbildungen – 47 Tabellen – 4°

Heft 4 Dr. KARL STREHMEL, **Näherungsmethoden zur Ermittlung von transsonischen Profilströmungen mit Verdichtungsstößen**
1978. 78 Seiten – 25 Abbildungen – 4°

Band 54

Heft 1 Prof. Dr. phil. ERNST NEEF, **Analyse und Prognose von Nebenwirkungen gesellschaftlicher Aktivitäten im Naturraum**
Mit Beiträgen von A. BERNHARDT, K. D. JÄGER und K. MANNSFELD
1979. 70 Seiten – 7 Abbildungen – 1 Falttafel – 2 Tabellen – 8°

Heft 2 Dr. GUNTER KABISCH, **Schwingungsspektroskopische und Kernresonanzuntersuchungen an Tetraalkylammoniumsalzlösungen**
1979. 71 Seiten – 29 Abbildungen – 11 Tabellen – 8°

Heft 3 Prof. Dr. DIETRICH UHLMANN, **Künstliche Ökosysteme**
1980. 34 Seiten – 17 Abbildungen – 2 Tabellen – 8°

Heft 4 Prof. Dr. HERMANN BERG, **Der Formenwandel einer DNA-Doppelhelix in Lösung, an der Elektrode und seine molekularbiologische Bedeutung**
1981. 45 Seiten – 40 Abbildungen – 3 Tabellen – 8°

Heft 5 Prof. Dr. MANFREED GERSCH, **Zur Evolution des Hormonsystems im Tierreich**
1982. 33 Seiten – 6 Abbildungen – 12 Tabellen – 8°

Band 55

Heft 1 Prof. Dr. HERBERT JORDAN, **Aug' um Ohr: Goethes Zugang zur Musik**
1982. 39 Seiten – 4 Abbildungen – 8°

Heft 2 Prof. Dr. WILHELM OELSSNER, **Computertomographie,** Eine Übersicht
1983. 36 Seiten – 41 Abbildungen – 8°

Heft 3 Prof. Dr. KARL MANNSFELD, **Landschaftsanalyse und Ableitung von Naturraumpotentialen**
1983. 109 Seiten – 6 Abbildungen – 9 Karten – 22 Tabellen – 8°

Heft 4 Prof. Dr. DIETRICH UHLMANN, **Ökologische Probleme der Trinkwassergewinnung aus Talsperren**
1983. 24 Seiten – 15 Abbildungen – 8°

Heft 5 Prof. Dr. WOLFGANG BUCHHEIM, **Beiträge zur Komplementarität**
1983. 63 Seiten – 6 Abbildungen – 8°

Band 56

Heft 1 Dr. H.-G. EGERTER, Dr. G. PLÖTNER, Dr. J. DVOŘAK, Prof. Dr. med. HERBERT JORDAN, **Geochemische Beziehungen in vogtländisch-westböhmischen Mineralwässern**
1984. 60 Seiten – 12 Abbildungen – 11 Tabellen – 8°

Heft 2 Dr. WOLFGANG HORLBECK, Prof. Dr. Dr. HANS-HEINZ EMONS, **Spektroskopische Methoden zur Charakterisierung geschmolzener Salze**
1985. 66 Seiten – 26 Abbildungen – 24 Tabellen – 8°

Heft 3 Dr. sc. nat. KIRSTEN POLLMER, Prof. Dr. Dr. HANS-HEINZ EMONS, **Ein Beitrag zur Koordinationschemie konzentrierter Elektrolytlösungen**
1986. 107 Seiten – 28 Abbildungen – 28 Tabellen – 8°

Heft 4 Prof. Dr. KLAUS DÖRTER, Prof. Dr. h. c. KARL-FRANZ BUSCH, **Probleme der pedologisch-hydrologischen Regionalforschung und ihre Umsetzung in die Praxis**
1989. 191 Seiten – 32 Abbildungen – 15 Tabellen – 8°

Band 57

Heft 1 Prof. Dr. HERBERT JORDAN, **Radontherapie heute**
1989. 151 Seiten – 47 Abbildungen – 18 Tabellen – 8°

Heft 2 Prof. Dr. med. WERNER RIES, Dr. rer. nat. ILSE SAUER, **Biologisches Alter – Probleme und Bericht**
1991. 84 Seiten – 34 Abbildungen – 7 Tabellen – 8°

Heft 3 Prof. Dr. CHRISTIAN HÄNSEL (Hrsg.), **Umweltgestaltung in der Bergbaulandschaft**
1991. 120 Seiten – 26 Abbildungen – 7 Tabellen – 8°

Heft 4 Dr. habil. THOMAS FANGHÄNEL, Prof. Dr. Dr. HANS-HEINZ EMONS, **Neue Ergebnisse über die fest-flüssig Gleichgewichte der Systeme der ozeanischen Salze [T > 100 °C]**
Vorliegendes Heft

Bestellungen einzeln oder zur Fortsetzung durch eine Buchhandlung erbeten.

ISBN 3-05-501590-8
ISSN 0365-6470

FSC
www.fsc.org
MIX
Papier | Fördert gute Waldnutzung
FSC® C083411

Zeitfracht Medien GmbH
Ferdinand-Jühlke-Straße 7
99095 Erfurt, Deutschland
produktsicherheit@kolibri360.de